ELETRÔNICA DIGITAL

Blucher

Alexandre Gaspary Haupt
Édison Pereira Dachi

ELETRÔNICA DIGITAL

Eletrônica digital

© 2016 Alexandre Gaspary Haupt, Édison Pereira Dachi

Editora Edgard Blücher Ltda.

Colaboradores:

Prof. Luís Carlos Mieres Caruso (Capítulo 12)

Prof. Taciano Aires Rodolfo (Capítulo 13)

Este livro possui material de apoio para download disponível na página do livro no site da Editora Blucher: www.blucher.com.br.

Blucher

Rua Pedroso Alvarenga, 1245, 4º andar
04531-934 – São Paulo – SP – Brasil
Tel 55 11 3078-5366
contato@blucher.com.br
www.blucher.com.br

Segundo Novo Acordo Ortográfico, conforme 5. ed. do *Vocabulário Ortográfico da Língua Portuguesa*, Academia Brasileira de Letras, março de 2009.

É proibida a reprodução total ou parcial por quaisquer meios sem autorização escrita da Editora.

Todos os direitos reservados pela Editora Edgard Blücher Ltda.

Dados Internacionais de Catalogação na Publicação (CIP)
Angélica Ilacqua CRB-8/7057

Haupt, Alexandre Gaspary
    Eletrônica digital / Alexandre Gaspary Haupt, Édison Pereira Dachi. — São Paulo: Blucher, 2016.

Bibliografia
ISBN 978-85-212-1008-5

1. Eletrônica digital I. Título II. Dachi, Édison Pereira

16-0116   CDD 621.381507

Índice para catálogo sistemático:
1. Eletrônica digital

AUTORES

PROF. ME. ALEXANDRE GASPARY HAUPT

Doutorando em Engenharia Elétrica (UFRGS), mestre em Engenharia Elétrica (UFRGS, 2004), graduado em Engenharia Elétrica (PUCRS, 1992) e graduado em Licenciatura (Cefet, 1996). Atuou como docente/coordenador no curso de Engenharia de Telecomunicações e Engenharia da Computação no Centro Universitário La Salle. Atualmente é coordenador dos cursos de Automação Industrial e Sistemas Embarcados na Faculdade de Tecnologia SENAI Porto Alegre. É professor de disciplinas como Eletrônica Digital, Eletrônica Analógica, Microprocessadores, Antenas, Propagação de Ondas, Comunicações Ópticas, Programação e Processamento de Imagens. Pesquisa temas relacionados a processamento de imagens, inteligência artificial, automação industrial e sistemas embarcados.

PROF. ME. ÉDISON PEREIRA DACHI

Doutorando em Engenharia Elétrica (UFRGS). Mestre em Engenharia Mecânica (UFRGS, 2002). Graduado em Engenharia Elétrica pela Pontifícia Universidade Ca-tólica do Rio Grande do Sul (PUCRS, 1982). Possui experiência de 33 anos na indústria e 27 anos em docência.

Na indústria, participou em projetos de computadores, modens, multiplexadores estatísticos, centrais telefônicas, controladores de temperatura e umidade, balanças eletrônicas, alarmes eletrônicos e de alto-falantes.

Como professor, lecionou no Círculo Operário Portoalegrense – Colégio Santo Ignácio, Colégio Fundação Bradesco de Gravataí, SENAI – Unidade Gravataí: Escola de Educação Profissional Ney Damasceno Ferreira, Ulbra Cristo Redentor, Ulbra São Lucas. Nessas escolas, lecionou as disciplinas de Noções de Eletromagnetismo, Análise de Circuitos Elétricos, Microprocessadores, Robótica, CLP (Controladores Lógicos Programáveis), Eletrônica Digital, Eletrônica Analógica, tanto em aulas teóricas quanto práticas.

Atualmente é professor dos cursos superiores de Tecnologia de Automação Industrial e Sistemas Embarcados da Faculdade de Tecnologia SENAI Porto Alegre-RS, onde atua desde 2009. Leciona as disciplinas relacionadas a Microcontroladores, Eletrônica Analógica, Eletrônica Digital, Cálculo Numérico, Equações Diferencias e Transformadas, Projeto Prático, Empreendedorismo e Metodologia Científica. Nessa faculdade, atua como pesquisador do Grupo do Laboratório de Pesquisa de Processamento de Imagens e Sinais (LaPIS), onde desenvolve projetos na área de processamento de imagens.

CONTEÚDO

APRESENTAÇÃO 13

1. SINAIS ANALÓGICOS E DIGITAIS 15

    1.1 Introdução 15

    1.2 Níveis lógicos 17

    1.3 Variáveis lógicas e circuitos digitais 18

    1.4 Conectivos lógicos 19

    1.5 Resumo 22

2. SISTEMAS DE NUMERAÇÃO 25

    2.1 Introdução 25

    2.2 Sistema binário 26

    2.3 Sistema hexadecimal de numeração 27

    2.4 Conversão de binário para decimal 27

    2.5 Conversão de decimal para binário 29

    2.6 Conversão de decimal para hexadecimal 31

2.7 Conversão de hexadecimal para decimal 32

2.8 Conversão de hexadecimal para binário 32

2.9 Conversão de binário para hexadecimal 32

2.10 Resumo 33

3. FUNÇÕES E PORTAS LÓGICAS 35

3.1 Introdução 35

3.2 Portas lógicas 35

3.3 Expressões booleanas 42

3.4 Determinação da expressão lógica a partir da tabela-verdade 45

3.5 Determinação do circuito lógico a partir da expressão lógica 46

3.6 Determinação da tabela-verdade a partir da expressão lógica 48

3.7 Simplificação de funções 50

3.8 Resumo 55

4. CÓDIGOS NUMÉRICOS 63

4.1 Introdução 63

4.2 Códigos BCD de 4 bits 63

4.3 Código Johnson 67

4.4 Código ASCII (anexos A, B e C) 67

4.5 Resumo 67

5. CODIFICADORES E DECODIFICADORES 69

5.1 Introdução 69

5.2 Codificador 69

5.3 Decodificador 70

5.4 Decodificador BCD para sete segmentos 71

5.5 Resumo 76

6. CIRCUITOS ARITMÉTICOS 77

    6.1 Introdução 77

    6.2 Meio-somador 77

    6.3 Somador-completo 78

    6.4 Meio-subtrator 80

    6.5 Subtrator-total 81

    6.6 Somadores e subtratores em paralelo 83

    6.7 Resumo 85

7. BIESTÁVEIS LÓGICOS 87

    7.1 Introdução 87

    7.2 Tipo *reset-set* (RS) 88

    7.3 Síncrono 88

    7.4 Tipo JK 90

    7.5 Tipo D 90

    7.6 Tipo T 91

    7.7 Tipo JK mestre/escravo 92

    7.8 Conversão entre *flip-flops* 93

    7.9 Resumo 95

8. CONTADORES 97

    8.1 Introdução 97

    8.2 Assíncrono 97

    8.3 Assíncrono crescente/decrescente 105

    8.4 Síncrono 106

    8.5 Anel 109

    8.6 Cascata 110

    8.7 Contador de 0 a 59 (módulo 60) 114

8.8　Diagrama em blocos de um relógio digital básico 115

8.9　Resumo 116

9. REGISTRADORES DE DESLOCAMENTO 119

9.1　Introdução 119

9.2　Entrada série/saída série 119

9.3　Entrada série/saída paralela 121

9.4　Entrada paralela/saída série 123

9.5　Universal 125

9.6　Resumo 127

9.7　Prática: registradores de deslocamento 128

10. MULTIPLEXADORES 135

10.1　Introdução 135

10.2　Aplicações de multiplexadores 136

10.3　Tipos de multiplexadores integrados 138

10.4　Demultiplexadores 139

10.5　Resumo 140

10.6　Prática: circuitos multiplexadores 141

11. CONVERSORES A/D E D/A 145

11.1　Introdução 145

11.2　Digital/analógico 145

11.3　Parâmetros de conversores D/A 149

11.4　Conversor analógico/digital 151

11.5　Parâmetros de um conversor A/D 154

11.6　Resumo 155

11.7　Prática: conversores D/A e A/D 158

12. SOLUÇÕES COMPUTACIONAIS 163

    12.1   Introdução 163

    12.2   Definição geral 163

    12.3   Microcontroladores e microprocessadores 164

    12.4   Caracterização de MCUs e MPUs 166

    12.5   Utilização prática de soluções computacionais 166

    12.6   *Hardware* 167

    12.7   *Software* 167

    12.8   Experiências simples 170

    12.9   Resumo 172

13. FPGA E PROGRAMAÇÃO VHDL 175

    13.1   Introdução 175

    13.2   Dispositivos lógicos programáveis 175

    13.3   FPGA 176

    13.4   Linguagem de descrição de *hardware* 180

    13.5   Ferramentas de síntese 180

    13.6   Fluxo de projeto utilizando FPGA e HDL 181

    13.7   Programação VHDL 182

    13.8   Resumo 193

ANEXO A 195

ANEXO B 197

ANEXO C 199

RESPOSTAS DOS EXERCÍCIOS DE FIXAÇÃO **201**

REFERÊNCIAS BIBLIOGRÁFICAS **223**

ÍNDICE REMISSIVO **225**

AGRADECIMENTOS **229**

APRESENTAÇÃO

A tecnologia avança a uma taxa cada vez mais alta. Há algum tempo, o período de desenvolvimento de novos produtos era de dois a quatro anos. Atualmente, desde a concepção até o produto estar em linha de produção são apenas alguns meses. Todo esse progresso deve-se em grande parte às pesquisas nos campos relacionados à eletrônica. Praticamente todos os produtos desenvolvidos têm uma considerável eletrônica: é o que chamamos de "eletrônica embarcada". A eletrônica embarcada tem sido utilizada, cada vez mais, em diversos equipamentos de nosso cotidiano, como em aparelhos celulares, micro-ondas, máquinas de lavar roupas, robôs industriais etc. Este livro aborda a eletrônica digital, tradicionalmente dividida em duas grandes áreas: a lógica combinacional e a sequencial. Aqui, serão abordados conhecimentos da eletrônica digital tradicional, como: portas lógicas, lógica booleana, circuitos aritméticos, memórias e suas aplicações, conversor A/D e D/A, multiplexadores e tópicos mais avançados de microcontroladores, FPGA e programação VHDL.

Este livro está dividido em treze capítulos. O Capítulo 1 trata dos conceitos preliminares de sinais analógicos e digitais. Também são apresentados, de forma didática, os conceitos sobre lógica do ponto de vista da matemática: os conectivos lógicos, conceitos importantes para o entendimento do assunto do Capítulo 3.

No Capítulo 2 são abordados os sistemas de numeração, pois os circuitos digitais trabalham, a rigor, apenas com os números 0 e 1, o chamado sistema binário, e nesse contexto se faz a correlação entre os diversos sistemas numéricos.

Os circuitos que constituem a base da eletrônica digital são tratados no Capítulo 3: as portas lógicas, as quais se fundamentam nas funções lógicas.

A codificação é tratada no Capítulo 4, em que se abordam os códigos numéricos fundamentais no estudo da eletrônica digital, por ser amplamente usada em diversos circuitos eletrônicos para que diferentes sistemas possam "conversar" entre si. Dessa forma, o ser humano pode entrar com dados nos computadores e esses dados podem ser entendidos pelo computador, e vice-versa. Um exemplo disso é o teclado do computador, que codifica para a linguagem da máquina os dados digitados pelo ser humano. O monitor é outro exemplo que traduz os dados do computador para uma linguagem que o ser humano possa compreender. Esses processos podem ser observados tanto em um escritório onde alguém digita um *e-mail* quanto na indústria, onde processos podem ser monitorados e controlados via supervisório por um operador.

No Capítulo 5 são apresentadas as técnicas para se projetar codificadores e decodificadores usando os códigos numéricos.

Os circuitos aritméticos estão no Capítulo 6. Neste são projetados os circuitos somadores e subtratores de números binários.

O Capítulo 7 descreve os biestáveis lógicos, circuitos básicos para a construção de contadores, memórias e registradores.

Os contadores estão em um capítulo específico: o Capítulo 8.

Uma das diversas aplicações dos *flip-flop*'s são os registradores de deslocamento. Estes são apresentados no Capítulo 9.

Os multiplexadores são circuitos necessários em aplicações em que se tem um único canal de transmissão de dados para uma quantidade maior de entradas. Os demultiplexadores realizam a função inversa. Dada a sua importância, dedica-se a eles o Capítulo 10.

Sabe-se que os sinais do mundo real são analógicos. No entanto, os computadores digitais não usam diretamente esses sinais. Estes devem ser convertidos. Portanto, há a necessidade dos chamados conversores analógicos digitais. Além disso, a conversão inversa é necessária. Para isso, existem os conversores digitais analógicos. O Capítulo 11 trata desse assunto.

Devido à importância dos microcontroladores, decidiu-se criar um capítulo específico para eles: o Capítulo 12 inclui a teoria e experimentos sobre a plataforma Arduino.

Finalizando, o livro apresenta o Capítulo 13, que trata da tecnologia FPGA e a programação VHDL. Nesse capítulo são disponibilizados exemplos práticos em linguagem VHDL.

Este livro não pretende esgotar o assunto de eletrônica digital, mas espera sedimentar os conceitos básicos de forma clara e objetiva, auxiliando professores e alunos na nobre tarefa de ensinar e aprender. Acreditamos que mesmo o melhor livro nunca substituirá o verdadeiro professor.

1. SINAIS ANALÓGICOS E DIGITAIS

1.1 INTRODUÇÃO

Os circuitos eletrônicos podem ser divididos em duas grandes categorias: circuitos digitais e circuitos analógicos. Enquanto a eletrônica analógica trabalha com grandezas que variam continuamente no tempo, a eletrônica digital representa grandezas por meio de valores discretos. Ainda que este livro aborde os fundamentos da eletrônica digital, é necessário conhecer os princípios dos sinais analógicos, pois muitas aplicações requerem conhecimentos das duas áreas. Isso porque, na natureza, a maioria dos sinais, como temperatura, pressão atmosférica, unidade, luminosidade, pressão sonora etc., varia de forma analógica, e então é necessário condicionar esses sinais às máquinas digitais.

> **NOTA**
>
> A maioria das grandezas na natureza encontra-se na forma analógica, por isso, para que possam ser lidas por máquinas digitais, devem ser convertidas para a forma digital.

Por exemplo, suponha que, durante um determinado período, o nível de ruído seja medido e plotado em um gráfico, conforme ilustra a Figura 1.1. Essa variação não é instantânea. A variação é contínua, passando por infinitos valores intermediários. Assim, o gráfico do ruído × tempo se traduzirá em uma curva contínua.

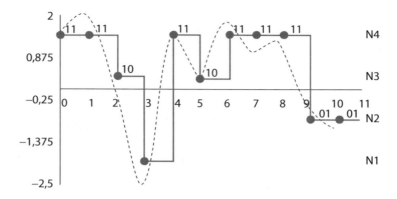

Sinal digital: 1111100011101111110101

Figura 1.1 – Sinal de ruído: analógico (······) e sinal digital (—).

Em vez de construir o gráfico do ruído em uma base contínua, pode-se construir o gráfico por meio de amostras do ruído. As amostras podem ser feitas a cada dia, por exemplo. Dessa forma, o gráfico do ruído será discreto no tempo e amostrado por um período de 12 horas, conforme ilustrado na Figura 1.1. Esse exemplo mostra, efetivamente, a conversão de uma grandeza analógica em um formato discreto em que é possível digitalizar cada um dos pontos do ruído amostrado. É importante perceber que a Figura 1.1 ilustra a aquisição digital da uma grandeza, ou seja, não se trata de uma representação digital.

A representação digital tem certas vantagens sobre a representação analógica em aplicações eletrônicas. Dados digitais podem ser processados e transmitidos de forma mais eficiente e confiável que dados analógicos. Além disso, dados digitais possuem uma grande vantagem quando é necessário armazenamento. Por exemplo, a música, quando convertida para formato digital, pode ser armazenada de forma mais compacta se comparada ao formato analógico. O ruído, caracterizado por variações indesejadas na tensão, afeta menos os dados digitais, em comparação com dados analógicos. Um amplificador é um exemplo simples de uma aplicação eletrônica analógica. O diagrama básico ilustrado na Figura 1.2 mostra ondas sonoras de natureza analógica sendo captadas por um microfone e convertidas em tensão analógica. O sinal de áudio varia a tensão continuamente de acordo com as variações da amplitude e da frequência do som.

Como o amplificador é linear, a saída desse estágio é uma reprodução ampliada da tensão de entrada, sendo enviada para o alto-falante. O alto-falante converte o sinal de áudio amplificado de volta para o formato de ondas sonoras com uma amplitude muito maior que as ondas sonoras originais capturas pelo microfone.

O *pen drive* é um exemplo de um dispositivo de armazenamento digital usado para armazenar dados, vídeos, música. A Figura 1.3 ilustra o diagrama simplificado da reprodução de música no formato digital. A música armazenada no *pen drive* em formato digital é lida da memória e transferida para um conversor digital-analógico (DAC, *Digital to Analog Converter*).

Figura 1.2 – Sistema de amplificação de um sinal analógico.

Figura 1.3 – Princípio de reprodução de áudio armazenado digitalmente.

NOTA

O DAC converte os dados armazenados em formato digital para o formato analógico, para que possa ser interpretado pelo ouvido humano.

Esse sinal é amplificado e enviado ao alto-falante, que reproduz o som. Quando a musica é gravada no *pen drive*, ocorre o processo contrário, ou seja, os dados são captados em forma analógica e convertidos para o formato digital por meio de um conversor analógico-digital (ADC, *Analog to Digital Converter*).

1.2 NÍVEIS LÓGICOS

A Figura 1.4 ilustra as variáveis de entrada e saída, onde o botão ligado à entrada do sistema de acionamento pode estar ligado ou desligado e a lâmpada, variável de saída controlada pelo botão, pode estar apagada ou acesa. Essas condições são representadas por níveis lógicos: 0 ou 1, respectivamente.

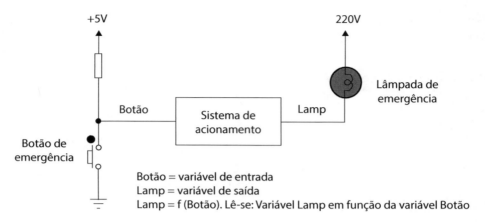

Figura 1.4 – Variáveis de entrada e saída.

O nível lógico zero (0) representa botão desligado, lâmpada apagada, motor parado, relé desligado. Já o nível lógico um (1), complemento do nível lógico zero, representa botão ligado, lâmpada acesa, motor girando, relé ligado. Pode-se afirmar que os níveis lógicos em um sistema digital são representados por "0" ou "1". Assim, esses dois níveis lógicos podem representar as variáveis de entrada e saída do sistema. Além disso, pode-se associar o valor "0" a uma condição falsa e o valor "1" a uma condição verdadeira. Sendo assim, é comum associar o símbolo "0" à letra **F** de falso e "1" corresponde à letra **V** de verdadeiro.

1.3 VARIÁVEIS LÓGICAS E CIRCUITOS DIGITAIS

Em funções matemáticas, temos as variáveis dependentes e independentes. Nas funções lógicas ocorre o mesmo. Nesse caso, as variáveis independentes representam as variáveis de entrada e as variáveis dependentes representam as variáveis de saída. A Figura 1.4 ilustra um sistema de emergência em que um botão aciona uma lâmpada em caso de emergência. Nesse caso, a variável de entrada é o valor de tensão gerado pelo acionamento do botão.

Assim, a saída está associada às variáveis dependentes. No exemplo da lâmpada de emergência descrito anteriormente, pode-se afirmar que a variável de saída representa o estado da lâmpada de emergência. Dessa forma, o sistema possui as seguintes definições:

- Variável de entrada: Botão
- Variável de saída: Lamp
- Função lógica: Lamp = f(Botão)

1.4 CONECTIVOS LÓGICOS

Para resolver problemas envolvendo lógica, utilizam-se alguns axiomas que definem as operações lógicas básicas:

- Conectivo E
- Conectivo OU
- Conectivo NEGAÇÃO

1.4.1 LÓGICA E

Sejam três variáveis **A**, **B** e **S**, sendo **A** e **B** variáveis de entrada e **S** a variável de saída.

Supondo que as varáveis de entrada estão associadas com a expressão lógica **E**, tem-se a seguinte expressão:

$$A \wedge B \rightarrow S$$

Essa expressão traduz o seguinte significado: somente se **A** e **B** forem verdadeiras, **S** será verdadeira. Se uma das variáveis de entrada for falsa, **S** será falsa.

A Tabela 1.1, chamada tabela-verdade, ilustra o funcionamento da lógica **E**, considerando a representação **V** para verdadeiro e **F** para falso.

Tabela 1.1 – Tabela-verdade da lógica E.

A	B	A^B
F	F	F
F	V	F
V	F	F
V	V	V

Considerando as seguintes proposições:

A = Dia ensolarado

B = Mar calmo

S = Irei à praia

E consideremos ainda as proposições negadas:

A = Dia ensolarado $\Leftrightarrow$ $\overline{A}$ = Dia nublado

B = Mar calmo $\Leftrightarrow$ $\overline{B}$ = Mar agitado

S = Irei à praia $\Leftrightarrow$ $\overline{S}$ = Não irei à praia

E estabelecendo a seguinte regra:

*Se o dia estiver ensolarado E o mar estiver calmo, **ENTÃO** irei à praia.*

Podemos observar que: se **A** e **B** forem verdadeiros, **S** será verdadeiro.

Conclui-se que a frase:

*Se o dia estiver ensolarado E o mar estiver calmo, **ENTÃO** irei à praia* pode ser representada pela lógica **E**, pois apenas se as duas condições:

- o dia estiver ensolarado; e
- o mar estiver calmo

forem verdadeiras e simultâneas, irei à praia. Se quaisquer das condições não ocorrerem, ou seja, se uma delas for falsa, não irei à praia. Dessa forma, pode-se observar as quatro possibilidades ilustradas na Tabela 1.2.

Tabela 1.2 – Exemplo de lógica E usando proposições.

Proposição A	Proposição B	Proposição S
Nublado	Mar agitado	Não irei à praia
Nublado	Mar calmo	Não irei à praia
Ensolarado	Mar agitado	Não irei à praia
Ensolarado	Mar calmo	Irei à praia

Pode-se observar na Tabela 1.2 que o único resultado VERDADEIRO (irei à praia) ocorre se o dia estiver ensolarado **E** o mar estiver calmo.

1.4.2 LÓGICA OU

Sejam três variáveis **A**, **B** e **S**, sendo **A** e **B** variáveis de entrada e **S** a variável de saída.

Supondo que as variáveis de entrada estão associadas com a expressão lógica **OU**, tem-se a seguinte expressão:

$$A \vee B \rightarrow S$$

Essa expressão traduz o seguinte significado: se **A** ou **B** for verdadeira, **S** será verdadeira. Somente se as duas variáveis de entrada forem falsas, **S** será falsa.

A Tabela 1.3, chamada tabela-verdade, ilustra o funcionamento da lógica **OU**, considerando a representação **V** para verdadeiro e **F** para falso.

Sinais analógicos e digitais

Tabela 1.3 – Tabela-verdade de lógica OU.

A	B	A∨B
F	F	F
F	V	V
V	F	V
V	V	V

Considerando as proposições e suas proposições negadas, já analisadas:

A = Dia ensolarado

B = Mar calmo

S = Irei à praia

E estabelecendo a seguinte regra:

*Se o dia estiver ensolarado **OU** o mar estiver calmo, **ENTÃO** irei à praia.*

Podemos observar que: se **A** ou **B** forem verdadeiros, **S** será verdadeiro.

Conclui-se que a frase:

*Se o dia estiver ensolarado **OU** o mar estiver calmo, **ENTÃO** irei à praia* pode ser representada pela lógica **OU**, pois se uma das condições:

- o dia estiver ensolarado; ou
- o mar estiver calmo

for verdadeira, irei à praia. Se nenhuma das condições ocorressem, ou seja, se todas forem falsas, não irei à praia. Dessa forma, pode-se observar as quatro possibilidades ilustradas na Tabela 1.4.

Tabela 1.4 – Exemplo de lógica OU usando proposições.

Proposição A	Proposição B	Proposição S
Nublado	Mar agitado	Não irei à praia
Nublado	Mar calmo	Irei à praia
Ensolarado	Mar agitado	Irei à praia
Ensolarado	Mar calmo	Irei à praia

Nessa tabela, podemos analisar que o resultado VERDADEIRO, ou seja, irei à praia, ocorre se o dia estiver ensolarado **OU** o mar estiver calmo.

1.4.3 LÓGICA NEGAÇÃO

Sejam duas variáveis **A** e **S**, sendo **A** variável de entrada e **S** a variável de saída. A lógica NEGAÇÃO é representada pela expressão:

$$A \rightarrow \sim S$$

Essa expressão traduz o significado que a saída **S** é sempre o complemento da variável **A**.

Se a variável A for verdadeira, então a saída S será falsa. Caso contrário, se a entrada A for falsa, a saída S será verdadeira. A Tabela 1.5 ilustra o funcionamento da lógica NEGAÇÃO, considerando a representação **V** para verdadeiro e **F** para falso.

Tabela 1.5 – Tabela-verdade de lógica NEGAÇÃO.

A	S
F	V
V	F

Considerando as proposições e suas negações já analisadas e a afirmação: "O dia está ensolarado", ENTÃO a negação é: "O dia está nublado".

Podemos observar que se A = VERDADEIRO, então:

$$\overline{A} = \text{FALSO}$$

Dessa forma, podemos observar as duas possibilidades na Tabela 1.6.

Tabela 1.6 – Exemplo de lógica NEGAÇÃO usando proposições.

Proposição A	Proposição $\overline{A}$
Ensolarado	Nublado
Nublado	Ensolarado

Nessa tabela, podemos analisar que o resultado VERDADEIRO (Ensolarado) ocorre se o dia não estiver nublado.

1.5 RESUMO DO CAPÍTULO

- Os circuitos eletrônicos podem ser divididos em duas grandes categorias: circuitos digitais e circuitos analógicos.

- As variáveis lógicas são utilizadas para representar o estado lógico de variáveis lógicas. Essas variáveis podem ser zero (0) ou um (1), onde o estado lógico pode representar chave ligada, lâmpada acessa, motor girando, e o estado lógico zero representa o contrário.

- As variáveis de saída, chamadas dependentes, são controladas pelas variáveis de entrada, chamadas independentes.

- A partir das lógicas principais E, OU e NEGAÇÃO, é possível construir qualquer circuito lógico. As tabelas-verdade são utilizadas para descrever o funcionamento de circuitos lógicos.

EXERCÍCIOS DE FIXAÇÃO

1) O que é uma variável lógica?

2) Considere a equação $A \vee B \rightarrow S$. Pode-se afirmar que as variáveis **A** e **B** são variáveis dependentes? Justifique.

3) Desenhe o circuito equivalente, utilizando chaves e lâmpadas para representar a equação mostrada na Questão 2.

4) Faça a tabela-verdade da equação $(A \vee B) \wedge C \rightarrow S$.

5) Analisando a equação $A \vee B \vee C \vee D \rightarrow S$, é possível afirmar que **S** é nível lógico 1 quando _____.

6) Mostre a equação lógica que traduz a tabela-verdade a seguir.

A	B	C	S
F	F	F	F
F	F	V	F
F	V	F	F
F	V	V	F
V	F	F	F
V	F	V	V
V	V	F	F
V	V	V	F

7) Quantas combinações diferentes são possíveis com cinco variáveis de entrada?

8) Qual a diferença entre variáveis dependentes e independentes em um circuito? Exemplifique.

EXERCÍCIOS DE FIXAÇÃO

Considere o circuito abaixo para responder às Questões 9 e 10.

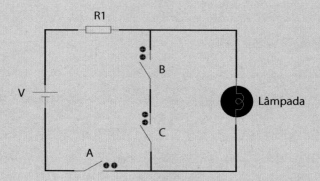

Figura 1.5 – Circuito elétrico.

9. Faça a equação do circuito.
10. Faça a tabela-verdade do circuito.

2. SISTEMAS DE NUMERAÇÃO

2.1 INTRODUÇÃO

Estamos habituados a trabalhar com o sistema decimal. Com ele, pode-se representar qualquer quantidade utilizando seus dez dígitos de 0 a 9.

> **NOTA**
>
> Na Antiguidade os seres humanos utilizavam os dedos para quantificar pessoas, animais e objetos. Por isso, o sistema decimal é nosso sistema de numeração de referência.

Mas como é possível representar quantidades superiores a nove uma vez que o sistema possui apenas dez dígitos? A explicação está nos valores posicionais: cada dígito possui um valor diferente em função da posição que ocupa dentro do número. Dessa forma, é possível representar quantidades superiores a nove utilizando dois ou mais dígitos. Assim, a posição de cada dígito dentro do número nos informa o valor relativo que ele representa. Analisando, por exemplo, a quantidade 345, temos:

$$
\begin{array}{ccc}
3 & 4 & 5 \\
\downarrow & \downarrow & \downarrow \\
3 \times 10^2 \;+ & 4 \times 10^1 \;+ & 5 \times 10^0 \\
\downarrow & \downarrow & \downarrow \\
300 \;\;+ & 40 & +\;50
\end{array}
$$

A posição de cada dígito em um número decimal indica o valor relativo do dígito representado. Os valores relativos dos números inteiros são potências de dez, cujo valor do expoente aumenta positivamente da direita para a esquerda e aumenta negativamente da esquerda para direita.

$$... 10^4, 10^3, 10^2, 10^1, \mathbf{10^0}, 10^{-1}, 10^{-2}, 10^{-3}, 10^{-4} ...$$

2.2 SISTEMA BINÁRIO

É o sistema utilizado nas máquinas digitais. No sistema binário de numeração existem apenas dois dígitos: 0 (zero) e 1 (um).

Para representarmos a quantidade zero, utilizamos o algarismo 0; para representarmos a quantidade um, utilizamos o algarismo 1. Mas como representar a quantidade dois, se não possuímos o algarismo 2 nesse sistema? Assim como no sistema decimal, utilizamos os valores posicionais, representando a quantidade desejada com mais de um dígito.

No sistema binário, o raciocínio utilizado para representar a quantidade 2 é o mesmo utilizado para representar a quantidade 10 no sistema decimal.

Utilizando a mesma regra e considerando os valores posicionais, podemos representar outras quantidades, formando assim o sistema binário de numeração. A representação binária dos dígitos decimais de 0 a 9 está na Tabela 2.1.

Tabela 2.1 – Representação binária dos dígitos decimais de 0 a 9.

Decimal	Binário
0	0
1	1
2	10
3	11
4	100
5	101
6	110
7	111
8	1000
9	1001

NOTA

Cada dígito no sistema binário é denominado *bit* (*binary digit*). O conjunto de 4 bits é denominado *nibble*, e o de 8 *bits*, de *byte*; esses termos são muito utilizados nas áreas de informática e computação.

2.3 SISTEMA HEXADECIMAL DE NUMERAÇÃO

O sistema hexadecimal de numeração é formado por dezesseis caracteres alfanuméricos, conforme ilustrado na Tabela 2.2.

Tabela 2.2 – Equivalência entre os sistemas numéricos.

Decimal	Binário	Hexadecimal
0	0000	0
1	0001	1
2	0010	2
3	0011	3
4	0100	4
5	0101	5
6	0110	6
7	0111	7
8	1000	8
9	1001	9
10	1010	A
11	1011	B
12	1100	C
13	1101	D
14	1110	E
15	1111	F

A maioria dos sistemas digitais processa dados binários em grupos múltiplos de 4 bits, tornando o número hexadecimal mais simplificado, uma vez que cada dígito hexadecimal representa um número binário de 4 bits.

O sistema de numeração hexadecimal é constituído de dez dígitos numéricos e seis caracteres alfabéticos. O uso das letras A, B, C, D, E e F para representar números pode parecer estranho à primeira vista, mas é apenas um conjunto de símbolos sequenciais utilizados para representar uma quantidade. Se entendermos as quantidades que esses símbolos representam, sua forma será menos importante. Usaremos o subscrito 16 para designar números hexadecimais para evitar confusões com os números decimais. Algumas vezes será utilizada também a letra "h" seguida de um número hexadecimal. Exemplo: $6A_{(h)}$ ou $6A_{(16)}$.

2.4 CONVERSÃO DE BINÁRIO PARA DECIMAL

Para explicar a conversão, vamos utilizar um número decimal qualquer, por exemplo, 367. Esse número significa:

$$3 \times 100 \;+\; 6 \times 10 \;+\; 7 \times 1 \;=\; 367$$
$$\downarrow \qquad\qquad \downarrow \qquad\qquad \downarrow$$
$$\text{Centena} \qquad \text{Dezena} \qquad \text{Unidade}$$
$$\downarrow \qquad\qquad \downarrow \qquad\qquad \downarrow$$
$$3 \times 10^2 \;+\; 6 \times 10^1 \;+\; 7 \times 10^0 \;=\; 367$$

Esquematicamente, temos:

10^2	10^1	10^0
3	6	7

$$3 \times 10^2 + 6 \times 10^1 + 7 \times 10^0 = 367$$

Neste exemplo, podemos notar que o algarismo menos significativo 7 multiplica a unidade (10^0), o segundo algarismo 6 multiplica a dezena (10^1) e o algarismo mais significativo 3 multiplica a centena (10^2). A soma desses resultados vai representar o número.

NOTA

De maneira geral, a regra básica de formação de um número consiste no somatório de cada algarismo correspondente multiplicado pela base elevada por um índice, conforme o posicionamento do algarismo no número.

Vamos agora utilizar um número binário qualquer, por exemplo, o número $101_{(2)}$. De acordo com a Tabela 2.1, notamos que ele equivale ao número 5 no sistema decimal. Utilizando o mesmo conceito básico de formação dos números decimais, podemos converter um número binário para o sistema decimal.

2^2	2^1	2^0
1	0	1

$$= 1 \times 2^2 + 0 \times 2^1 + 1 \times 2^0$$
$$= 1 \times 4 + 0 \times 2 + 1 \times 1 = 5$$

O número $101_{(2)}$ é igual ao número $5_{(10)}$. Dessa forma, podemos escrever $5_{(10)}$ ou $101_{(2)}$ para representar a mesma quantidade. Agora vamos converter do número $1001_{(2)}$ para o sistema decimal, utilizando o mesmo processo.

Sistemas de numeração

2^3	2^2	2^1	2^0
1	0	0	1

$= 2^3 + 0 \times 2^2 + 0 \times 2^1 + 1 \times 2^0$

$= 8 + 1 \times 1 = 9_{(10)}$

$1001_{(2)} = 9_{(10)}$

2.5 CONVERSÃO DE DECIMAL PARA BINÁRIO

Como vimos, a necessidade de conversão entre sistemas é evidente, pois, se tivermos um número de muitos dígitos representado no sistema binário fica difícil perceber a quantidade que ele representa. Transformando esse número em decimal, o problema desaparece. Veremos agora a transformação inversa, ou seja, a conversão de um número do sistema decimal para o sistema binário.

Para demonstrar o processo, vamos aplicar a técnica das divisões sucessivas, dividindo o número $47_{(10)}$ sucessivamente por 2.

$$\begin{array}{r|l} 47 & 2 \\ 1 & 23 \end{array}$$

1º resto → **1**

Ou seja, $2 \times 23 + 1 = 47$.

Ou, ainda, $23 \times 2^1 + 1 \times 2^0 = 47$.

Dividindo agora 23 por 2, temos:

$$\begin{array}{r|l} 23 & 2 \\ 0 & 11 \end{array}$$

2º resto → **1**

Ou seja, $11 \times 2 + 1 = 23$.

Dividindo agora 11 por 2, temos:

$$\begin{array}{r|l} 11 & 2 \\ 1 & 5 \end{array}$$

3º resto → **1**

Dividindo agora 5 por 2, temos:

```
5 | 2
1   2
```

4º resto → **1**

Ou seja, 2 × 2 + 1 = 5.

Dividindo agora 2 por 2, temos:

```
2 | 2
0   1
```

5º resto → **0**

Ou seja, 2 × 1 + 0 = 2

> **NOTA**
>
> As divisões sucessivas são realizadas até que o quociente se torne 1 ou 0, lembrando que o quociente 1 será parte da resposta, compondo o bit mais significativo do número binário convertido.

Esquematizando o resto de todas as divisões, temos:

2^5	2^4	2^3	2^2	2^1	2^0
1	0	1	1	1	1

$101111_{(2)} = 47_{(10)}$

A técnica das divisões sucessivas pode ser assim resumida para realizar a conversão decimal → binário:

```
47 | 2
 1  23 | 2
     1  11 | 2
         1   5 | 2
             1   2 | 2
                 0   1
```

$101111_{(2)} = 47_{(10)}$

Na prática, o bit menos significativo de um número binário recebe a notação de LSB (em inglês, *Least Significant Bit*), e o bit mais significativo, de MSB (*More Significant Bit*). Utilizando outro exemplo, vamos transformar o número $400_{(10)}$ em binário. Pelo método das divisões sucessivas, temos:

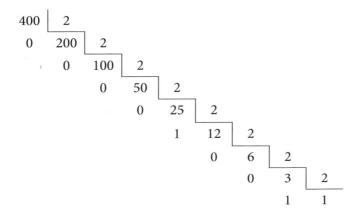

Realizando a leitura de baixo para cima, podemos escrever $110010000_{(2)}$ para representar a quantidade $400_{(10)}$. De posse do resultado, pode-se efetuar a conversão inversa, ou seja, do sistema binário para o sistema decimal, para conferir se a operação foi efetuada corretamente.

2.6 CONVERSÃO DE DECIMAL PARA HEXADECIMAL

Para converter um número do sistema decimal para o sistema hexadecimal, procede-se do mesmo modo que na conversão decimal-binário; no entanto, a base destino é a base 16, portanto, divide-se o número que se deseja pela base 16.

Exemplo: converter $1985_{(10)}$ para base 16.

Dividindo agora 1985 por 16, temos:

```
1985 | 16
   1   124 | 16
          12   7 | 16
```

Assim, o resultado da conversão é: $1985_{(10)} \to 7C1_{(16)}$.

Para se obter o resultado, junta-se o resultado da última divisão com o resto das divisões anteriores na sequência. Observe que é necessário transformar qualquer número maior do que 9 em suas respectivas representações alfabéticas. Como, no exemplo, os resultados foram: 7, 12 e 1, é necessário converter 12 para C, seu correspondente alfabético.

2.7 CONVERSÃO DE HEXADECIMAL PARA DECIMAL

A conversão de qualquer sistema numérico para o sistema decimal implica utilizar os valores posicionais do número de origem. Convertendo-se, por exemplo, o número $7C1_{(16)}$ para decimal, é necessário realizar os seguintes passos:

1) Transformar cada dígito alfabético em número. Assim o C será convertido em 12 e os números 7 e 1 ficarão os mesmos. O resultado será: 7, 12 e 1.

2) Multiplicar cada número por 16^m, onde m é a casa decimal onde o dígito se encontra, sendo que o dígito mais à direita tem o valor posicional 16^0.

$(7 * 16^2) + (12 * 16^1) + (1 * 16^0) =$

$(7 * 256) + (12 * 16) + (1) =$

$1792 + 192 + 1 =$

$1985_{(10)}$

2.8 CONVERSÃO DE HEXADECIMAL PARA BINÁRIO

A conversão de um número hexadecimal para binário se baseia na conversão de cada dígito hexadecimal em um número binário de 4 bits, utilizando-se a Tabela 2.2. Veja o exemplo a seguir.

Converta $AC4_{(16)}$ em seu equivalente binário, ou seja, $AC4_{(16)} \rightarrow {}_{(2)}$.

$A = 10_{(10)} = 1010_{(2)}$

$C = 12_{(10)} = 1100_{(2)}$

$4 = 0100_{(2)}$

$= 101011000100_{(2)}$

Portanto, $AC4_{(16)} \rightarrow 101011000100_{(2)}$.

2.9 CONVERSÃO DE BINÁRIO PARA HEXADECIMAL

A conversão de um número binário para hexadecimal é obtida agrupando-se o número binário em conjuntos de 4 bits. Cada conjunto de 4 bits será transformado em um número do sistema hexadecimal com o auxílio da Tabela 2.2. Veja o exemplo a seguir.

Sistemas de numeração 33

Converta o número 1110110111 $_{(2)}$ para base 16.

0011   1011   0111

  3   11   7

= 3B7

Portanto, 1110110111 $_{(2)}$ = 3B7 $_{(16)}$.

NOTA

Observe que, quando não foi possível formar grupos de 4 bits, acrescentam-se zeros à direita. No exemplo acima foram adicionados dois zeros nos grupos de 4 bits mais significativo e, assim, foi possível formar os 4 bits que são transformados no número 3.

2.10 RESUMO

- Qualquer base numérica pode ser utilizada para representar quantidades. O sistema decimal foi adotado pelos seres humanos.
- As máquinas digitais utilizam o sistema binário para representar quantidades: 0 e 1.
- Em qualquer sistema numérico, o dígito mais à direita é chamado *Least Significant Bit* (LSB), pois tem o menor valor de posição. Já o dígito mais à esquerda possui maior valor associado à posição, sendo chamado de *More Significant Bit* (MSB).
- Para converter um número na base decimal para qualquer outra base, utiliza-se a mesma regra: divide-se o número decimal sucessivamente pela base que se deseja converter, até que o quociente seja menor do que a base. O resultado da conversão será o quociente (MSB), seguido dos restos das divisões.
- Para converter qualquer base numérica para decimal, a regra também é a mesma: multiplica-se cada dígito do número pela base a ser convertida elevada ao valor posicional.

EXERCÍCIOS DE FIXAÇÃO

Converta as bases numéricas a seguir para as bases indicadas entre parênteses ao final de cada linha.

1) $23_{(10)}$ = ... (2)

2) $75_{(10)}$ = ... (16)

3) $19_{(16)}$ = ... (10)

4) $100010_{(2)}$ = ... (10)

5) $F37_{(16)}$ = ... (2)

6) $101010111011_{(2)}$ = ... (16)

7) $F0CA_{(16)}$ = ... (2)

8) $F0CA_{(16)}$ = ... (10)

9) $51_{(10)}$ = ... (2)

10) $100_{(16)}$ = ... (10)

3. FUNÇÕES E PORTAS LÓGICAS

3.1 INTRODUÇÃO

Um circuito digital combinacional pode ser desenvolvido com portas lógicas. Portas lógicas são circuitos eletrônicos que representam as funções lógicas por meio de entradas e saídas. As portas lógicas têm sua representação simbólica para facilitar o desenvolvimento de projetos digitais e seguem a mesma definição das lógicas estudadas na seção 1.4, "Conectivos lógicos".

A seguir, serão apresentadas as portas lógicas mais utilizadas, as expressões que as representam, suas operações, seus símbolos e suas tabelas-verdade.

3.2 PORTAS LÓGICAS

3.2.1 PORTA E (AND)

A expressão que representa a porta AND é $S = A.B$ (lê-se: S é igual a A e B).

> **NOTA**
>
> As portas AND podem ter mais de duas entradas e somente uma saída. Nesse caso, a expressão para, por exemplo, três entradas torna-se: $S = A.B.C$ (lê-se: S é igual a A e B e C).

Na Figura 3.1 e na Tabela 3.1 são apresentados, respectivamente, o símbolo e a tabela-verdade da porta AND.

Tabela 3.1 – Tabela-verdade da porta AND.

AND		
Entradas		Saída
A	B	S
0	0	0
0	1	0
1	0	0
1	1	1

Figura 3.1 – Símbolo da porta AND.

NOTA

A saída da porta AND é verdadeira se, e somente se, todas as entradas forem iguais a 1.

3.2.2 PORTA OU (OR)

A expressão que representa a porta OR é $S = A + B$ (lê-se: S é igual a A ou B).

Na Figura 3.2. e na Tabela 3.2 são apresentados, respectivamente, o símbolo e a tabela-verdade da porta OR.

Importante: as portas OR podem ter mais de duas entradas e somente uma saída. Nesse caso, a expressão terá três entradas:

$S = A + B + C$ (lê-se: S é igual a A ou B ou C).

Tabela 3.2 – Tabela-verdade da porta OR.

OR		
Entradas		Saída
A	B	S
0	0	0
0	1	1
1	0	1
1	1	1

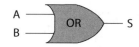

Figura 3.2 – Símbolo da porta OR.

NOTA

A saída da porta OR é falsa se, e somente se, todas as entradas forem iguais a 0.

Funções e portas lógicas 37

3.2.3 PORTA NEGAÇÃO (NOT – INVERSOR)

A expressão que representa a porta NOT é $S = \overline{A}$ (lê-se: S é igual a NÃO A ou igual a A NEGADO).

Na Figura 3.3 e na Tabela 3.3 são apresentados, respectivamente, o símbolo e a tabela-verdade da porta NOT.

Importante: a porta NOT pode ter somente uma entrada e uma saída.

Tabela 3.3 – Tabela-verdade da porta NOT.

NOT	
Entrada	Saída
A	S
0	1
1	0

Figura 3.3 – Símbolo da porta NOT.

NOTA

A saída da porta NOT é verdadeira se, e somente se, sua entrada for igual a 0. A saída da porta NOT é o inverso do valor da sua entrada.

Obs.: esse é o motivo de essa porta também ser conhecida por inversor.

3.2.4 PORTA NÃO E (NAND)

A expressão que representa a porta NAND é $S = \overline{(A.B)}$ (lê-se: S é igual a A e B, negado).

Cuidado: deve-se primeiramente determinar "A.B" e, em seguida, a negação ou inversão do resultado.

Na Figura 3.4 e na Tabela 3.4 são apresentados, respectivamente, o símbolo e a tabela-verdade da porta NAND.

Importante: as portas NAND podem ter mais de duas entradas e somente uma saída. Nesse caso, a expressão para, por exemplo, três entradas torna-se:

$S = \overline{(A.B.C)}$ (lê-se: S é igual a A e B e C, negado).

Tabela 3.4 – Tabela-verdade da porta NAND.

NAND		
Entradas		Saída
A	B	S
0	0	0
0	1	0
1	0	0
1	1	1

Figura 3.4 – Símbolo da porta NAND.

NOTA

A saída da porta NAND é falsa se, e somente se, todas as entradas forem iguais a 1.

Obs.: para implementarmos esta porta lógica, podemos usar uma porta AND e uma porta INVERSORA, esquematizadas conforme a Figura 3.5.

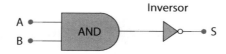

Figura 3.5 – Uma porta AND e uma porta INVERSORA.

3.2.5 PORTA NÃO OU (NOR)

A expressão que representa a porta NOR é $S = \overline{(A+B)}$ (lê-se: S é igual a A ou B, negado).

Cuidado: deve-se primeiramente determinar "A+B" e, em seguida, a negação ou inversão do resultado.

Na Figura 3.6 e na Tabela 3.5 são apresentados, respectivamente, o símbolo e a tabela-verdade da porta NOR.

Importante: as portas NOR podem ter mais de duas entradas e somente uma saída. Nesde caso, a expressão para, por exemplo, três entradas torna-se:

$S = \overline{(A+B+C)}$ (lê-se: S é igual a A ou B ou C, negado).

Tabela 3.5 – Tabela-verdade da porta NOR.

NOR		
Entradas		Saída
A	B	S
0	0	1
0	1	0
1	0	0
1	1	0

Figura 3.6 – Símbolo da porta NOR.

NOTA

A saída da porta NOR é verdadeira se, e somente se, todas as entradas forem iguais a 0.

Obs.: para implementarmos esta porta lógica, podemos usar uma porta OR e uma porta INVERSORA, esquematizadas conforme a Figura 3.7.

Figura 3.7 – Uma porta OR e uma porta INVERSORA.

3.2.6 PORTA OU EXCLUSIVO – EXCLUSIVE OR (XOR)

A expressão que representa a porta XOR é $S = \overline{A}.B + A.\overline{B}$ (lê-se: S é igual a A negado e B, ou A e B negado).

Uma alternativa de representação da porta XOR é $S = A \oplus B$.

Na Figura 3.8 e na Tabela 3.6 são apresentados, respectivamente, o símbolo e a tabela-verdade da porta XOR.

Importante: as portas XOR podem ter apenas duas entradas e somente uma saída.

Tabela 3.6 – Tabela-verdade da porta XOR.

XOR		
Entradas		Saída
A	B	S
0	0	0
0	1	1
1	0	1
1	1	0

Figura 3.8 – Símbolo da porta XOR.

NOTA

A saída da porta NOR é verdadeira se, e somente se, as entradas forem diferentes.

Obs.: para implementarmos esta porta lógica, podemos usar duas portas inversoras, duas portas AND e uma porta OU, esquematizadas conforme a Figura 3.9.

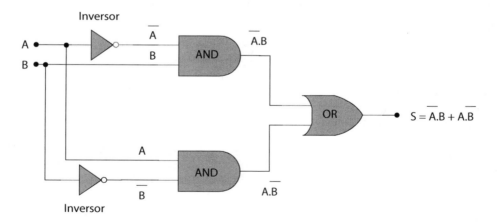

Figura 3.9 – Duas portas AND, duas portas INVERSORAS e uma porta OR.

3.2.7 PORTA NOU EXCLUSIVO – EXCLUSIVE NOR (XNOR)

A expressão que representa a porta XNOR é $S = A.B + \overline{A}.\overline{B}$ (lê-se: S é igual a A e B, ou A negado e B negado).

Uma alternativa de representação da porta XNOR é $S = \overline{A \oplus B}$.

Na Figura 3.10 e na Tabela 3.7 são apresentados, respectivamente, o símbolo e a tabela-verdade da porta XNOR.

Importante: as portas XNOR podem ter apenas duas entradas e somente uma saída.

Tabela 3.7 – Tabela-verdade da porta XNOR.

XNOR		
Entradas		Saída
A	B	S
0	0	1
0	1	0
1	0	0
1	1	1

Figura 3.10 – Símbolo da porta XNOR.

NOTA

A saída da porta XNOR é verdadeira se, e somente se, as entradas forem iguais.

Para implementarmos esta porta lógica, podemos usar os mesmos tipos de portas lógicas usadas na porta XNOR, ou seja, duas portas inversoras, duas portas AND e uma porta OU, porém esquematizadas de uma maneira diferente, conforme a Figura 3.11.

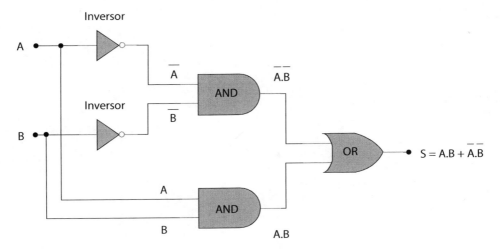

Figura 3.11 – Duas portas AND, duas portas INVERSORAS e uma porta OR.

3.3 EXPRESSÕES BOOLEANAS

Dado um circuito lógico, determinar uma expressão lógica que o represente. A solução para este tipo de problema é a determinação da expressão da saída de cada porta lógica até que se obtenha a expressão da saída do circuito. Vejamos esta solução por meio de dois exemplos.

EXEMPLO 1

Seja o circuito lógico da Figura 3.12. Determinar uma expressão que o represente.

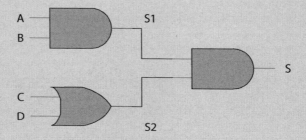

Figura 3.12 – Circuito lógico.

Pode-se solucionar este problema seguindo os passos.

1) Determinar a saída S1: a saída S1 é saída de uma porta AND, portanto, $S1 = A.B$.

2) Determinar a saída S2: a saída S2 é saída de uma porta OR, portanto, $S2 = C+D$.

3) Determinar a saída S do circuito: a saída S do circuito é saída de uma porta AND, portanto, $S = S1.S2$.

Mas, $S1 = A.B$ e $S2 = C+D$. Logo, podemos escrever:

$$S = A.B.(C + D)$$

A solução gráfica é apresentada na Figura 3.13:

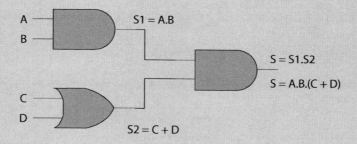

Figura 3.13 – Solução gráfica.

Funções e portas lógicas

EXEMPLO 2

Seja o circuito lógico da Figura 3.14. Determinar uma expressão que o represente.

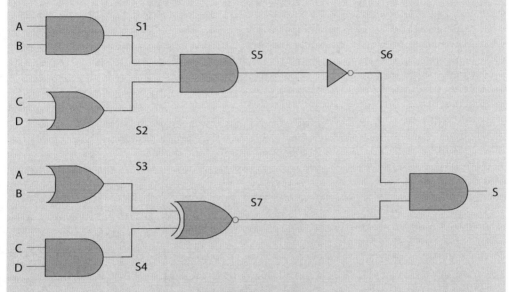

Figura 3.14 – Circuito lógico.

Pode-se solucionar este problema seguindo os passos:

1) Determinar a saída S1:

A saída S1 é saída de uma porta AND, portanto, $S1 = A.B$.

2) Determinar a saída S2:

A saída S2 é saída de uma porta OR, portanto, $S2 = C+D$.

3) Determinar a saída S3:

A saída S3 é saída de uma porta OR, portanto, $S3 = A+B$.

4) Determinar a saída S4:

A saída S4 é saída de uma porta AND, portanto, $S4 = C.D$.

5) Determinar a saída S5:

A saída S5 é saída de uma porta AND, portanto, $S5 = S1.S2$.

6) Determinar a saída S6:

A saída S6 é saída de um INVERSOR, portanto, $S6 = \overline{S5}$.

EXEMPLO 2

7. Determinar a saída S7:

A saída S7 é saída de uma porta XNOR, portanto, $S7 = S3.S4 + \overline{S3}.\overline{S4}$.

8. Determinar a saída S do circuito:

A saída S do circuito é saída de uma porta AND, portanto, $S = S6.S7$.

Mas, substituindo as expressões de S6 e S7 na expressão de S, podemos escrever:

$S = \overline{S5}.\left(S3.S4 + \overline{S3}.\overline{S4}\right)$.

Continuando, podemos substituir as expressões de S3, S4 e S5 em S. Logo, temos:

$S = \overline{(S1.S2)}.(A+B).(C.D) + \overline{(A+B)}.\overline{(C.D)}$.

Finalmente, podemos substituir as expressões de S1 e S2 em S, obtendo a expressão de S:

$S = \overline{((A.B).(C+D))}.(A+B).(C.D) + \overline{(A+B)}.\overline{(C.D)}$.

A solução gráfica é apresentada na Figura 3.15:

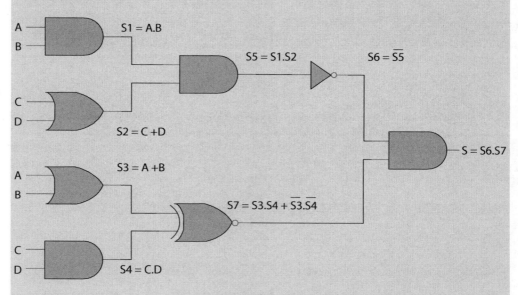

Figura 3.15 – Solução gráfica.

Funções e portas lógicas

3.4 DETERMINAÇÃO DA EXPRESSÃO LÓGICA A PARTIR DA TABELA-VERDADE

Dada uma tabela-verdade, determinar uma expressão lógica que a represente.

Primeiramente, devemos observar que a tarefa é determinar uma solução, **e não a solução** única ou a ótima. Ou seja, existem diversas soluções para esta tarefa e também mais de uma técnica. Vamos apresentar uma das técnicas por meio de um exemplo. Consideremos, por exemplo, a tabela-verdade a seguir. Determine a expressão que a represente.

Tabela 3.8 – Tabela-verdade:

A	B	S
0	0	0
0	1	1
1	0	1
1	1	1

Para determinar a expressão que representa a tabela-verdade, o procedimento é o seguinte:

- Verificar onde S = 1.
- Extrair a(s) expressão(ões) correspondente(s) a S = 1.
- Somar as expressões e igualar a S.

Tabela 3.9 – Tabela-verdade:

A	B	S				
0	0	0				
0	1	①	→	A = 0 e B = 1	→	$\bar{A}.B$
1	0	①	→	A = 1 e B = 0	→	$A.\bar{B}$
1	1	①	→	A = 1 e B = 1	→	$A.B$

$S = \bar{A}.B + A.\bar{B} + A.B$

EXEMPLO 3

Consideremos a tabela-verdade a seguir. Determine a expressão que a represente.

Tabela 3.10 – Tabela-verdade.

A	B	C	S
0	0	0	1
0	0	1	1
0	1	0	1
0	1	1	1
1	0	0	0
1	0	1	1
1	1	0	0
1	1	1	0

Para determinar a expressão que representa a tabela-verdade, o procedimento é o seguinte:

- Verificar onde S = 1.
- Extrair a(s) expressão(ões) correspondente(s) a S = 1.
- Somar as expressões e igualar a S.

Tabela 3.11 – Tabela-verdade.

A	B	C	S
0	0	0	① → A = 0 e B = 0 e C = 0 → $\bar{A}.\bar{B}.\bar{C}$
0	0	1	① → A = 0 e B = 0 e C = 1 → $\bar{A}.\bar{B}.C$
0	1	0	① → A = 0 e B = 1 e C = 0 → $\bar{A}.B.\bar{C}$
0	1	1	① → A = 0 e B = 1 e C = 1 → $\bar{A}.B.C$
1	0	0	0
1	0	1	① → A = 1 e B = 0 e C = 1 → $A.\bar{B}.C$
1	1	0	0
1	1	1	0

$S = \bar{A}.\bar{B}.\bar{C} + \bar{A}.\bar{B}.C + \bar{A}.B.\bar{C} + \bar{A}.B.C + A.\bar{B}.C$

■

3.5 DETERMINAÇÃO DO CIRCUITO LÓGICO A PARTIR DA EXPRESSÃO LÓGICA

Dada uma expressão lógica, determinar um circuito lógico que a represente. A solução para este tipo de problema é a determinação de cada porta lógica dentro da(s) expressão(ões) até que se obtenha o circuito de saída.

Funções e portas lógicas

Vejamos essa solução por meio de um exemplo.

Seja a expressão lógica dada a seguir. Determinar o circuito lógico que o represente.

$$\text{Expressão: } S = A.B + \overline{C + D}$$

Pode-se solucionar este problema graficamente, determinando-se as portas lógicas básicas da expressão, sabendo-se que uma operação de multiplicação corresponde a uma porta AND, uma operação de adição corresponde a uma porta OR e uma "barra" corresponde a uma negação. Lembre-se: as portas AND, NAND, OR e NOR podem ter mais de duas entradas se necessário.

$$S = \underbrace{\underbrace{(A.B)}_{S1} + \underbrace{((C+D).C)}_{S2}}_{S4}$$
$$\underbrace{\qquad\qquad\qquad}_{S3}$$

$S1 = A.B \rightarrow$ Porta AND

$S2 = C+D \rightarrow$ Porta OR

$S3 = S2.C \rightarrow$ Porta AND

$S = S4 = S1+S3 \rightarrow$ Porta OR

A solução gráfica é apresentada na Figura 3.16.

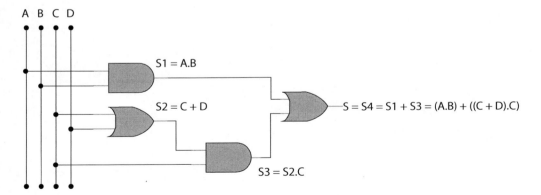

Figura 3.16 – Solução gráfica.

3.6 DETERMINAÇÃO DA TABELA-VERDADE A PARTIR DA EXPRESSÃO LÓGICA

Dado uma expressão lógica, determinar a tabela-verdade que a represente.

A solução para este tipo de problema pode ser realizada por meio dos seguintes passos.

1) Montar uma tabela com todas as possibilidades.

2) Definir tantas colunas quantos forem os membros da expressão e preenchê-las com os resultados lógicos.

3) Acrescentar uma coluna para o resultado final da expressão e preencher com os resultados lógicos.

EXEMPLO 4

Seja a expressão lógica dada a seguir. Determinar a tabela-verdade que a represente.

$$\text{Expressão: } S = A.B + B.C + \overline{C.D}$$

Solução:

Seguindo os passos anteriormente descritos, temos:

1) Montar uma tabela com todas as possibilidades.

2) Definir tantas colunas quantos forem os membros da expressão e preenchê-las com os resultados lógicos.

Neste caso, temos os membros: $A.B; B.C; C.D; \overline{C.D}$

Entradas			
A	B	C	D
0	0	0	0
0	0	0	1
0	0	1	0
0	0	1	1
0	1	0	0
0	1	0	1
0	1	1	0
0	1	1	1
1	0	0	0
1	0	0	1
1	0	1	0
1	0	1	1
1	1	0	0
1	1	0	1
1	1	1	0
1	1	1	1

EXEMPLO 4

Membros			
A.B	B.C	C.D	$\overline{C.D}$
0	0	0	1
0	0	0	1
0	0	0	1
0	0	1	0
0	0	0	1
0	0	0	1
0	1	0	1
0	1	1	0
0	0	0	1
0	0	0	1
0	0	0	1
0	0	1	0
1	0	0	1
1	0	0	1
1	1	0	1
1	1	1	0

3) Acrescentar uma coluna para o resultado final da expressão e preencher com os resultados lógicos.

O resultado final é apresentado a seguir.

Entradas			
A	B	C	D
0	0	0	0
0	0	0	1
0	0	1	0
0	0	1	1
0	1	0	0
0	1	0	1
0	1	1	0
0	1	1	1
1	0	0	0
1	0	0	1
1	0	1	0
1	0	1	1
1	1	0	0
1	1	0	1
1	1	1	0
1	1	1	1

Membros			Saída
A.B	B.C	$\overline{C.D}$	S
0	0	1	1
0	0	1	1
0	0	1	1
0	0	0	0
0	0	1	1
0	0	1	1
0	1	1	1
0	1	0	1
0	0	1	1
0	0	1	1
0	0	1	1
0	0	0	0
1	0	1	1
1	0	1	1
1	1	1	1
1	1	0	1

3.7 SIMPLIFICAÇÃO DE FUNÇÕES

3.7.1 ÁLGEBRA DE BOOLE

Adição	Multiplicação
0 + 0 = 0 A + 0 = A	0.0 = 0 A.0 = 0
0 + 1 = 1 A + 1 = 1	0.1 = 0 A.1 = A
1 + 0 = 1 A + $\overline{A}$ = 1	1.0 = 0 A.$\overline{A}$ = 0
1 + 1 = 1 A + A = A	1.1 = 1 A.A = A
Comutativa	Complementação
A + B = B + A	A = 0 → $\overline{A}$ = 1
A.B = B.A	A = 1 → $\overline{A}$ = 0
	$\overline{\overline{A}}$ = A
Associativa	
A + (B + C) = (A + B) + C = A + B + C	
A.(B.C) = (A.B).C = A.B.C	
Distributiva	
A.(B + C) = A.B + A.C	

3.7.2 TEOREMAS DE MORGAN

1º teorema: o complemento de um produto é a soma dos complementos.

$$\overline{(A.B)} = \overline{A} + \overline{B}$$

2º teorema: o complemento da soma é igual ao produto dos complementos.

$$\overline{(A+B)} = \overline{A}.\overline{B}$$

3.7.3 IDENTIDADES AUXILIARES

$$A + A.B = A$$

$$A + \overline{A}.B = A + B$$

$$(A+B).(A+C) = A + B.C$$

3.7.4 SIMPLIFICAÇÃO DE FUNÇÕES PELO MÉTODO GRÁFICO (VEITCH-KARNAUGH)

As expressões lógicas obtidas de uma tabela-verdade podem ser simplificadas por meio dos mapas de Veitch-Karnaugh. Existem equações lógicas com duas, três, quatro ou mais variáveis. Aqui, apresentaremos o método gráfico para duas, três ou quatro variáveis. A técnica para simplificações de equações com mais de quatro variáveis apenas muda o mapa.

Funções e portas lógicas 51

3.7.4.1 Simplificação por diagrama de Veitch-Karnaugh para duas variáveis

Procedimento de resolução:

1) A partir da tabela-verdade, preenchemos o diagrama de Veitch-Karnaugh colocando os resultados da variável S.

2) Agrupamos o maior número possível onde S é igual a 1. Se um determinado resultado não puder ser agrupado, então esse resultado é tratado isoladamente.

Para facilitar a determinação dos agrupamentos possíveis, apresentamos alguns deles e seus resultados:

	$\bar{B}$	B				$\bar{B}$	B	
$\bar{A}$	0	0		$S = A$	$\bar{A}$	1	1	$S = \bar{A}$
A	1	1			A	0	0	

	$\bar{B}$	B			$\bar{B}$	B
$\bar{A}$	0	1		$\bar{A}$	1	0
A	0	1		A	1	0

$S = B$ $\qquad$ $S = \bar{B}$

	$\bar{B}$	B			$\bar{B}$	B
$\bar{A}$	0	1	$S_1 = \bar{A}.B$	$\bar{A}$	1	0	$S_1 = \bar{A}.\bar{B}$
A	1	0	$S_2 = A.\bar{B}$	A	0	1	$S_2 = A.B$

$S = S1 + S2 = \bar{A}.B + A.\bar{B}$ $\qquad$ $S = S1 + S2 = \bar{A}.\bar{B} + A.B$

	$\bar{B}$	B
$\bar{A}$	1	1
A	1	1

$S = 1$

EXEMPLO 5

Dada a tabela-verdade, determinar a expressão lógica simplificada usando diagrama de Karnaugh.

A	B	S
0	0	1
0	1	0
1	0	1
1	1	1

EXEMPLO 5

Solução pelo método gráfico:

	$\bar{B}$	B
$\bar{A}$	1	0
A	1	1

Agrupamentos:

	$\bar{B}$	B
$\bar{A}$	1	0
A	1	1

$$S = \bar{B} + A$$

EXEMPLO 6

Dada a tabela-verdade, determinar a expressão lógica simplificada usando diagrama de Karnaugh.

A	B	S
0	0	1
0	1	1
1	0	1
1	1	0

Solução pelo método gráfico:

	$\bar{B}$	B
$\bar{A}$	1	1
A	1	0

Agrupamentos:

	$\bar{B}$	B
$\bar{A}$	1	1
A	1	0

$$S = \bar{A} + \bar{B}$$

3.7.4.2 Simplificação por diagrama de Veitch-Karnaugh para três variáveis

O procedimento é o mesmo que no caso de duas variáveis. Mas, para facilitar o leitor, repetimos aqui o procedimento. Procedimento de resolução:

1) A partir da tabela-verdade, preenchemos o diagrama de Veitch-Karnaugh colocando os resultados da variável S.

2) Agrupamos o maior número possível onde S é igual a 1. Se um determinado resultado não puder ser agrupado, então esse resultado é tratado isoladamente.

Para facilitar a determinação dos agrupamentos possíveis, apresentamos alguns deles e seus resultados:

	$\bar{B}$	B	
$\bar{A}$	0	0	0	0
A	1	1	1	1
	$\bar{C}$	C	$\bar{C}$

$S = A$

	$\bar{B}$	B	
$\bar{A}$	1	1	1	1
A	0	0	0	0
	$\bar{C}$	C	$\bar{C}$

$S = \bar{A}$

	$\bar{B}$	B	
$\bar{A}$	0	0	1	1
A	0	0	1	1
	$\bar{C}$	C	$\bar{C}$

$S = B$

	$\bar{B}$	B	
$\bar{A}$	1	1	0	0
A	1	1	0	0
	$\bar{C}$	C	$\bar{C}$

$S = \bar{B}$

	$\bar{B}$	B	
$\bar{A}$	0	1	1	0
A	0	1	1	0
	$\bar{C}$	C	$\bar{C}$

$S = C$

	$\bar{B}$	B	
$\bar{A}$	1	0	0	1
A	1	0	0	1
	$\bar{C}$	C	$\bar{C}$

$S = \bar{C}$

	$\bar{B}$	B	
$\bar{A}$	1	1	1	1
A	1	1	1	1
	$\bar{C}$	C	$\bar{C}$

$S = 1$

	$\bar{B}$	B	
$\bar{A}$	1	0	0	1
A	0	1	1	0
	$\bar{C}$	C	$\bar{C}$

$S = \bar{A}.\bar{C} + A.C$

	$\bar{B}$	B	
$\bar{A}$	1	1	0	1
A	0	0	1	0
	$\bar{C}$	C	$\bar{C}$

$S = \bar{A}.\bar{B}.C + \bar{A}.B.\bar{C} + A.B.C$

EXEMPLO 7

Dada a tabela-verdade, determinar a expressão lógica simplificada usando diagrama de Karnaugh.

Solução pelo método gráfico:

A	B	C	S
0	0	0	1
0	0	1	1
0	1	0	0
0	1	1	1
1	0	0	0
1	0	1	1
1	1	0	0
1	1	1	1

Mapa de Karnaugh:

	$\bar{B}$	B	
$\bar{A}$	1	1	0
A	0	1	0
	$\bar{C}$	C	$\bar{C}$

$$S = \bar{A}.\bar{B} + C$$

3.7.4.3 Simplificação por diagrama de Veitch-Karnaugh para quatro variáveis

O procedimento é o mesmo que no caso de duas ou três variáveis. Mas, para facilitar ao leitor, repetimos aqui o procedimento. Procedimento de resolução:

1) A partir da tabela-verdade, preenchemos o diagrama de Veitch-Karnaugh colocando os resultados da variável S.

2) Agrupamos o maior número possível onde S é igual a 1. Se um determinado resultado não puder ser agrupado, então esse resultado é tratado isoladamente.

Para facilitar a determinação dos agrupamentos possíveis, apresentamos alguns deles e seus resultados.

S = A	S = B	S = C	S = D
S = $\bar{A}$	S = $\bar{B}$	S = $\bar{C}$	S = $\bar{D}$
S = B.$\bar{D}$ + $\bar{B}$.D	S = $\bar{B}$.$\bar{D}$	S = $\bar{A}$.B.$\bar{D}$ + $\bar{B}$.C.D	S = D.$\bar{B}$ + $\bar{D}$.$\bar{A}$.B

3.8 RESUMO

As portas lógicas são usadas em circuitos digitais com o propósito de resolver ou dar solução a problemas em que as variáveis envolvidas são variáveis lógicas. Lembrando, as variáveis lógicas só assumem os valores "0" ou "1" em determinado instante. Para isso, nos valemos do que se convencionou chamar tabelas-verdade. A tabela-verdade apresenta todas as possibilidades de resultados esperados em uma operação lógica. No caso das portas lógicas, as tabelas-verdade apresentam os resultados possíveis realizados por uma porta lógica.

As portas lógicas são funções lógicas básicas e têm uma tabela onde são apresentadas todas as possibilidades de resultados em função dos valores de entrada. A um ou mais valores de entrada resulta um único valor de saída.

As portas lógicas devem ter no mínimo duas entradas, porém apenas uma única saída. A única exceção é a porta inversora, que somente pode ter uma entrada e uma única saída.

Além disso, é importante observar que as portas XOR e XNOR podem ter apenas duas entradas e uma única saída.

A seguir são apresentadas, nas Figuras de 3.17 a 3.23, um resumo dos símbolos das portas lógicas, de suas expressões lógicas e tabelas-verdade.

Figura 3.17 – Porta AND: símbolo, equação e tabela-verdade.

Figura 3.18 – Porta NAND: símbolo, equação e tabela-verdade.

Figura 3.19 – Porta OR: símbolo, equação e tabela-verdade.

Símbolo da porta NOR

Tabela-verdade

NOR		
Entradas		Saída
A	B	S
0	0	1
0	1	0
1	0	0
1	1	0

Figura 3.20 – Porta NOR: símbolo, equação e tabela-verdade.

Símbolo da porta XOR

Tabela-verdade

XOR		
Entradas		Saída
A	B	S
0	0	0
0	1	1
1	0	1
1	1	0

Figura 3.21 – Porta XOR: símbolo, equação e tabela-verdade.

Símbolo da porta XNOR

Tabela-verdade

XNOR		
Entradas		Saída
A	B	S
0	0	1
0	1	0
1	0	0
1	1	1

Figura 3.22 – Porta XNOR: símbolo, equação e tabela-verdade.

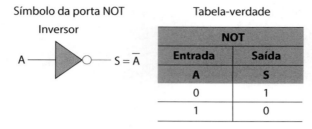

Figura 3.23 – Porta NOT: símbolo, equação e tabela-verdade.

As portas lógicas podem ser usadas para elaborar circuitos lógicos mais complexos. Os circuitos obtidos podem ser simplificados por meio das várias técnicas apresentadas, de maneira a tornar o circuito mais simples e de menor custo de implementação e fabricação. Além disso, diminui o consumo e, em algumas situações, torna o circuito mais rápido devido ao menor tempo de processamento, pela redução de atrasos de propagação.

EXERCÍCIOS DE FIXAÇÃO

1) Sejam os circuitos lógicos dados a seguir, determine as expressões lógicas que os representam.

a)

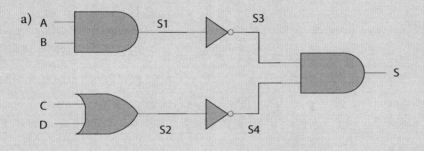

b)

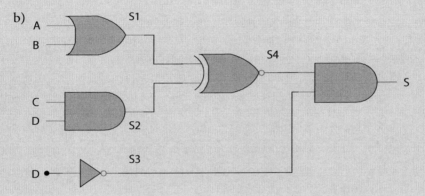

2) Considere as tabelas-verdade a seguir e determine as expressões lógicas que cada uma representa.

(a)

A	B	C	S
0	0	0	0
0	0	1	1
0	1	0	1
0	1	1	0
1	0	0	1
1	0	1	0
1	1	0	0
1	1	1	0

(b)

A	B	C	S
0	0	0	0
0	0	1	0
0	1	0	0
0	1	1	1
1	0	0	0
1	0	1	1
1	1	0	1
1	1	1	0

(c)

A	B	C	S
0	0	0	1
0	0	1	1
0	1	0	1
0	1	1	0
1	0	0	1
1	0	1	0
1	1	0	0
1	1	1	1

(d)

A	B	C	S
0	0	0	0
0	0	1	1
0	1	0	0
0	1	1	1
1	0	0	1
1	0	1	1
1	1	0	1
1	1	1	0

EXERCÍCIOS DE FIXAÇÃO

3) Considere as expressões lógicas a seguir e determine circuitos lógicos que as representem.

   a) $S = A + B + C.D$
   b) $S = A.B + \overline{A} + \overline{C.D}$
   c) $S = A + \left(\overline{A+B}\right).B$
   d) $S = A + B + \overline{A.B} + C.D$

4) Simplifique as expressões:

   a) $S = A + B + A.C$
   b) $S = \overline{AB.C} + \overline{A}.B.\overline{C} + A.\overline{B}.C$
   c) $S = \overline{A.B.C} + \overline{A}.B.C + \overline{A}.B.\overline{C} + A.\overline{B.C} + A.B.\overline{C}$
   d) $S = (A + B + C) \cdot (\overline{A} + \overline{B} + C)$
   e) $S = \overline{\left[\overline{(AC)} + B + D\right] + C\overline{(ACD)}}$

5) (ENADE, 2005) Resolva o exercício.

   Um cofre só pode ser aberto:

   - em horário bancário, se qualquer um dos dois gerentes o fizer com sua chave;
   - fora do horário bancário, se os dois gerentes o fizerem com suas chaves simultaneamente.

   Determine a expressão simplificada e o circuito lógico de controle.

6) Encontre as expressões simplificadas das tabelas-verdade usando diagrama de Karnaugh.

(a)

A	B	S
0	0	0
0	1	1
1	0	1
1	1	0

(b)

A	B	C	S
0	0	0	0
0	0	1	0
0	1	0	0
0	1	1	1
1	0	0	0
1	0	1	1
1	1	0	1
1	1	1	1

(c)

A	B	C	S
0	0	0	1
0	0	1	1
0	1	0	1
0	1	1	0
1	0	0	1
1	0	1	0
1	1	0	0
1	1	1	0

EXERCÍCIOS DE FIXAÇÃO

(d)

A	B	C	S
0	0	0	0
0	0	1	0
0	1	0	0
0	1	1	1
1	0	0	0
1	0	1	1
1	1	0	1
1	1	1	1

(e)

A	B	C	S
0	0	0	1
0	0	1	1
0	1	0	1
0	1	1	0
1	0	0	1
1	0	1	0
1	1	0	0
1	1	1	0

(f)

A	B	C	D	S
0	0	0	0	0
0	0	0	1	0
0	0	1	0	1
0	0	1	1	0
0	1	0	0	1
0	1	0	1	0
0	1	1	0	1
0	1	1	1	0
1	0	0	0	0
1	0	0	1	1
1	0	1	0	0
1	0	1	1	1
1	1	0	0	0
1	1	0	1	1
1	1	1	0	0
1	1	1	1	0

4. CÓDIGOS NUMÉRICOS

4.1 INTRODUÇÃO

Os códigos numéricos são usados em projetos de circuitos digitais denominados *codificadores* e *decodificadores*. Todo sistema de representação não compreendido diretamente pelo ser humano é chamado código. O código Morse é um exemplo disso. Os códigos são necessários para tornar mais fácil a sua representação e implementação em máquinas. A padronização de códigos é necessária para que todas as máquinas possam se comunicar corretamente.

4.2 CÓDIGOS BCD DE 4 BITS

Esse código foi criado para facilitar a conversão entre os sistemas decimal e binário. A sigla BCD significa *Binary-Coded Decimal* (decimal codificado em binário). Entre os códigos BCD de 4 bits, o mais conhecido é o código 8421. Porém, há outros códigos BCD de 4 bits que veremos neste capítulo, como BCD 7421/5211/2421.

4.2.1 CÓDIGO BCD 8421

Neste código os números decimais são representados por meio de binários de 4 bits. Os valores 8421 são gerados considerando-se os seguintes valores posicionais:

$$8 = 2^3; \quad 4 = 2^2; \quad 2 = 2^1; \quad 1 = 2^0$$

É importante observar que este código apresenta apenas dez dígitos, de 0 a 9. A Tabela 4.1 apresenta o código BCD 8421 para cada número decimal de 0 a 9.

Tabela 4.1 – Código BCD 8421 para cada número decimal de 0 a 9.

Decimal	2^3	2^2	2^1	2^0
0	0	0	0	0
1	0	0	0	1
2	0	0	1	0
3	0	0	1	1
4	0	1	0	0
5	0	1	0	1
6	0	1	1	0
7	0	1	1	1
8	1	0	0	0
9	1	0	0	1

4.2.2 CÓDIGOS BCD 7421/5211/2421

Estes códigos têm a mesma lei de formação do código BCD 8421. A Tabela 4.2 apresenta os códigos.

Tabela 4.2 – Códigos BCD 7421/5211/2421.

Decimal	BCD 7421	BCD 5211	BCD 2421
0	0000	0000	0000
1	0001	0001	0001
2	0010	0011	0010
3	0011	0101	0011
4	0100	0111	0100
5	0101	1000	1011
6	0110	1001	1100
7	1000	1011	1101
8	1001	1101	1110
9	1010	1111	1111

4.2.3 CÓDIGO EXCESSO 3

O código Excesso 3 é gerado transformando-se um número decimal em binário e, em seguida, acrescentando-se 3 unidades ao resultado binário.

Exemplo:

$2_{(10)}$ = **0010**. Sabemos que $3_{(10)}$ = **0011**.

Daí, somando **0010** + **0011** = 0101.

Então, $2_{(10)}$ representado em Excesso 3 dá 0101. A Tabela 4.3 apresenta os decimais de 0 a 9 codificados em Excesso 3.

Tabela 4.3 – Código Excesso 3.

Decimal	Excesso 3
0	0011
1	0100
2	0101
3	0110
4	0111
5	1100
6	1011
7	1010
8	1001
9	1000

4.2.4 CÓDIGO 9876543210

O código 9876543210 é um código binário que converte cada dígito decimal em um conjunto de 10 bits. Para formar esse código, primeiramente escrevem-se os números de 0 a 9 da direita para a esquerda. Em seguida coloca-se o número 1 na posição correspondente ao número decimal que se quer representar. Finalmente, completam-se com 0's as posições vazias. Veja na Tabela 4.4 como fica o código.

Tabela 4.4 – Código 9876543210.

Decimal	9	8	7	6	5	4	3	2	1	0
0	0	0	0	0	0	0	0	0	0	1
1	0	0	0	0	0	0	0	0	1	0
2	0	0	0	0	0	0	0	1	0	0
3	0	0	0	0	0	0	1	0	0	0
4	0	0	0	0	0	1	0	0	0	0
5	0	0	0	0	1	0	0	0	0	0
6	0	0	0	1	0	0	0	0	0	0
7	0	0	1	0	0	0	0	0	0	0
8	0	1	0	0	0	0	0	0	0	0
9	1	0	0	0	0	0	0	0	0	0

> **NOTA**
>
> Em sistemas antigos de alguns tipos de válvulas termoiônicas usava-se esse código.

4.2.5 CÓDIGO GRAY

O código Gray tem como vantagem a característica de variar apenas 1 bit de um número para outro. Na Tabela 4.5 pode-se ver esse código.

> **NOTA**
>
> No código Gray, a probabilidade de ocorrência de erro é menor porque não se necessita da interpretação de vários bits modificando-se simultaneamente. Nesse código um número binário tem apenas 1 único bit modificado em relação ao número antecessor ou sucessor.

Tabela 4.5 — Código Gray.

Decimal	Gray
0	0000
1	0001
2	0011
3	0010
4	0110
5	0111
6	0101
7	0100
8	1100
9	1101
10	1111
11	1110
12	1010
13	1011
14	1001
15	1000

4.3 CÓDIGO JOHNSON

O código Johnson é utilizado para construção do contador de Johnson. Na Tabela 4.6 é apresentado esse código.

Tabela 4.6 – Código Johnson.

Decimal	Johnson
0	00000
1	00001
2	00011
3	00111
4	01111
5	11111
6	11110
7	11100
8	11000
9	10000

4.4 CÓDIGO ASCII (ANEXOS A, B E C)

Os computadores usam números em suas representações. Por isso, há a necessidade de codificação para que os computadores possam se comunicar entre si. Ocorre, então, uma conversão de caracteres e símbolos em suas representações numéricas. Na década de 1960 houve a padronização desses símbolos e caracteres. O nome dessa padronização é ASCII, *American Standard Code for Information Interchange*, que, em português, significa "Código-Padrão Americano para o Intercâmbio de Informação".

Esses códigos encontram-se nos anexos A, B e C.

4.5 RESUMO

- Existem diversos códigos usados em eletrônica digital.
- O código 9876543210 é um código binário interessante, usado no passado em válvulas termiônicas para apresentar os números.
- O código BCD 8421 (*Binary-Coded Decimal* 8421) é uma representação de números decimais em binários de 4 bits. Os valores 8421 são, respectivamente, os valores de 2^n onde n = 3,2,1,0. Esse código é válido apenas de 0 a 9.
- Existem diversos códigos BCD's além do BCD 8421. Exemplos: BCD 7421, BCD 2421 e BCD 5211.
- O código Excesso 3 segue a mesma regra de formação do número decimal para binário e, em seguida, incrementam-se 3 unidades ao resultado do número binário.

- No código Gray, a característica principal é a ocorrência de apenas a variação de 1 bit de um número para outro.
- O código Johnson é um código especial utilizado no projeto do contador de Johnson.
- O código ASCII é a sigla de *American Standard Code for Information Interchange*, que, em português, quer dizer "Código-Padrão Americano para o Intercâmbio de Informação".

EXERCÍCIOS DE FIXAÇÃO

1) Converta o número 9 em seu correspondente código Excesso 3.

2) Converta o número 7 em seu correspondente código BCD 7421. Em seguida codifique esse resultado em seu decimal correspondente. O resultado é o decimal 7? Se não, explique o que ocorreu.

3) Experimente esse procedimento para os decimais 3 e 4. Explique os resultados.

4) O que é código ASCII?

5) Como é representada a letra "A" e a letra "a" em código ASCII? Existe alguma regra para representação de letras maiúsculas e minúsculas?

6) Qual a principal característica do código Gray?

5. CODIFICADORES E DECODIFICADORES

5.1 INTRODUÇÃO

Os equipamentos digitais podem processar somente os bits 0 e 1, mas esse sistema não é familiar para a maioria das pessoas. Assim, são necessários os conversores de códigos para interpretar ou codificar da linguagem do ser humano para a linguagem de máquina e vice-versa.

Um teclado digital recebe na entrada um valor decimal que em seguida é codificado na linguagem própria do instrumento que opera em binário. O valor em binário é decodificado e apresentado na saída do instrumento em código decimal, que é a linguagem entendida pelos usuários. Na Figura 5.1 é apresentado um exemplo.

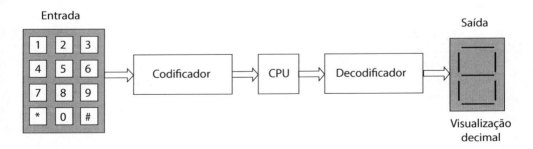

Figura 5.1 – Codificador/decodificador.

5.2 CODIFICADOR

O codificador converte o número decimal digitado no teclado em um código como BCD 8421.

> **NOTA**
>
> O codificador converte a linguagem humana para um código que a máquina digital passa a compreender.

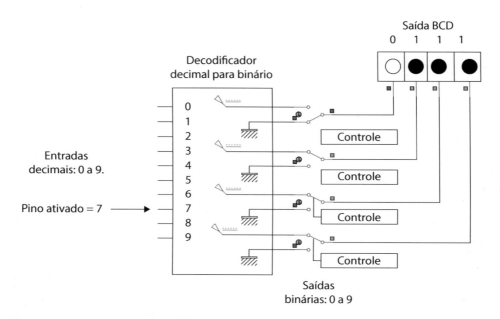

Figura 5.2 – Codificador decimal/BCD 8421.

5.3 DECODIFICADOR

A codificação é a transferência da informação de um código para outro. A decodificação nada mais é que o processo inverso. No exemplo do teclado, o decodificador apresenta no *display* o número digitado.

> **NOTA**
>
> Se nenhuma das entradas for ativada, então o indicador zero (0) deverá acender.

Codificadores e decodificadores

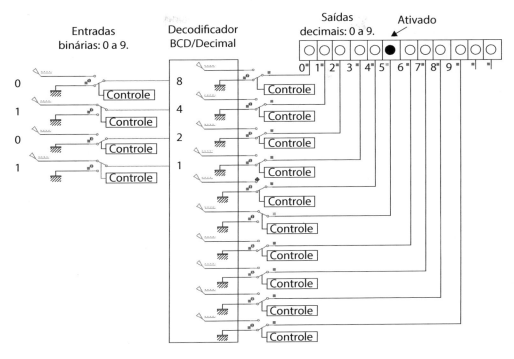

Figura 5.3 – Decodificador BCD 8421/decimal.

> **NOTA**
>
> O decodificador converte a linguagem da máquina para uma linguagem ou outro código que pode ser compreendido pelos humanos mais diretamente.

A entrada do decodificador é formada pelo código BCD 8421. Na saída existem dez linhas correspondentes a cada dígito decimal.

Como regra geral, um decodificador de n entradas, apresenta 2^n combinações de saída. Assim, três entradas geram $2^3(8)$ saídas. Mas existem decodificadores com n entradas que apresentam um número de saídas inferior a 2^n. É o caso do decodificador BCD para decimal com quatro entradas e dez saídas (e não $2^4 = 16$).

5.4 DECODIFICADOR BCD PARA SETE SEGMENTOS

Um tipo de decodificador muito usado nos projetos que envolvem eletrônica digital é o que faz a conversão do código BCD (decimais codificados em binário) para acionar um mostrador de sete segmentos.

Podemos formar qualquer algarismo de 0 a 9 usando uma combinação de sete segmentos de um *display*.

O decodificador proposto possui quatro entradas, onde são inseridos os dados do código BCD, e sete saídas que correspondem aos sete segmentos do *display*. A combinação de níveis lógicos aplicada às entradas produzirá níveis lógicos de saída que, aplicados aos segmentos do *display*, mostram o dígito equivalente. A Figura 5.4 ilustra o diagrama do decodificador BCD para sete segmentos.

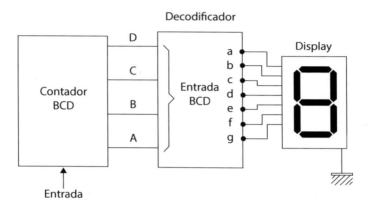

Figura 5.4 – Diagrama do decodificador BCD para sete segmentos.

É necessário observar que os segmentos do *display* podem ser ativados quando a saída estiver em nível alto ou em nível baixo. Isso dependerá do tipo de *display*: cátodo comum ou ânodo comum. O *display* de sete segmentos é um invólucro com sete *leds* com formato de segmento, posicionados de modo a possibilitar a formação de números decimais e algumas letras utilizadas no código hexadecimal. A Figura 5.5 ilustra uma unidade do *display* genérica, com a nomenclatura de identificação dos segmentos usual em manuais técnicos.

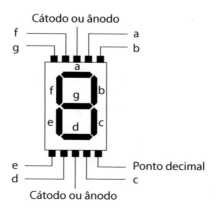

Figura 5.5 – Terminais do *display* de sete segmentos.

Os displays podem ser do tipo **ânodo comum**, ou seja, os terminais ânodo de todos os segmentos estão interligados internamente, sendo que para habilitar o *display* esse terminal comum deverá ser ligado em Vcc, enquanto o segmento deve ser ligado no GND para acender. Já o display **cátodo comum** deve ter seu terminal comum ligado ao GND e para acender o segmento é necessário aplicar Vcc ao terminal. A Figura 5.6 ilustra os tipos de *display* quanto a sua polaridade.

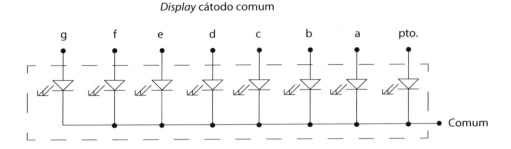

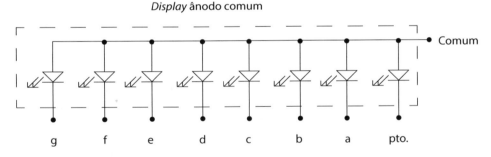

Figura 5.6 – Tipos de *display* quanto à polarização.

O projeto inicia com a construção da tabela de entradas e saídas, mostrando como as saídas devem ser acionadas para cada combinação de entrada.

Tabela 5.1 – Tabela de entradas e saídas do decodificador BCD – sete segmentos.

Entradas BCD				Segmentos de saída							Display
D	C	B	A	a	b	c	d	e	f	g	
0	0	0	0	1	1	1	1	1	1	0	0
0	0	0	1	0	1	1	0	0	0	0	1
0	0	1	0	1	1	0	1	1	0	1	2
0	0	1	1	1	1	1	1	0	0	1	3
0	1	0	0	0	1	1	0	0	1	1	4

(continua)

Tabela 5.1 – Tabela de entradas e saídas do decodificador BCD – sete segmentos *(continuação)*.

Entradas BCD				Segmentos de saída							Display
D	C	B	A	a	b	c	d	e	f	g	
0	1	0	1	1	0	1	1	0	1	1	5
0	1	1	0	0	0	1	1	1	1	1	6
0	1	1	1	1	1	1	0	0	0	0	7
1	0	0	0	1	1	1	1	1	1	1	8
1	0	0	1	1	1	1	0	0	1	1	9
1	0	1	0	X	X	X	X	X	X	X	
1	0	1	1	X	X	X	X	X	X	X	
1	1	0	0	X	X	X	X	X	X	X	
1	1	0	1	X	X	X	X	X	X	X	∃
1	1	1	0	X	X	X	X	X	X	X	
1	1	1	1	X	X	X	X	X	X	X	

Simplificações das equações extraídas da tabela-verdade

Segmento a

Equação simplificada
$$a = A + BD + \overline{B}\overline{D} + \overline{B}C$$

Segmento b

Equação simplificada
$$b = \overline{B} + A + \overline{C}\overline{D} + CD$$

Segmento c

Equação simplificada
$$c = \overline{C} + D + B$$

Segmento d

Equação simplificada
$$d = \overline{C}\overline{D} + \overline{B}C + B\overline{C}D$$

Segmento e

Equação simplificada

$e = \overline{B}\overline{D} + C\overline{D}$

Segmento f

Equação simplificada

$f = A + \overline{C}\overline{D} + B\overline{C} + B\overline{D}$

Segmento g

Equação simplificada

$g = A + B\overline{C} + \overline{B}C + C\overline{D}$

Circuito completo

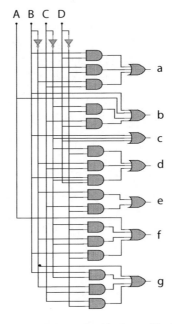

Figura 5.7 – Circuito decodificador simplificado.

5.5 RESUMO

- Os equipamentos digitais podem processar somente os bits 0 e 1, mas esse sistema não é familiar para a maioria das pessoas. Assim, são necessários os conversores de códigos para interpretar ou codificar da linguagem do ser humano para a linguagem de máquina e vice-versa.
- O codificador converte a linguagem humana para um código que a máquina digital passa compreender.
- O decodificador converte a linguagem da máquina para uma linguagem ou outro código que pode ser compreendido pelos humanos mais diretamente.
- Um decodificador é um circuito combinacional e, portanto, pode ser construído a partir de portas lógicas e simplificações de equações booleanas.

EXERCÍCIOS DE FIXAÇÃO

1) Projete um decodificador para executar a tabela mostrada a seguir.

Tabela 5.2 – Tabela de decodificação.

Entradas		Saídas			
A	B	a	b	c	d
0	0	1	0	0	0
0	1	1	1	0	0
1	0	1	1	1	0
1	1	1	1	1	1

2) Qual a diferença entre codificador e decodificador?
3) O sistema binário de numeração pode ser considerado um código? Por quê?
4) Codificadores e decodificadores podem ser considerados circuito sequenciais?

6. CIRCUITOS ARITMÉTICOS

6.1 INTRODUÇÃO

Em sistemas digitais, são comuns os circuitos aritméticos. Eles são circuitos combinatórios simples que executam operações aritméticas, como adição e subtração de números binários.

6.2 MEIO-SOMADOR

O meio-somador (HA, *Half-Adder*) é um circuito lógico combinatório de portas XOR e AND; possui duas entradas, A e B, e duas saídas, "Σ" = somas e "Co" = *carry out* ("vai um"). O meio-somador soma apenas duas entradas, ou seja, apenas 2 bits. As regras de adição binária usando 2 bits são as seguintes, conforme a Tabela 6.1.

Tabela 6.1 – Meio-somador.

	Entradas		Saídas	
			Σ	Co
	A	B	Soma	Vai um
Regra 1	0	0	0	0
Regra 2	0	1	1	0
Regra 3	1	0	1	0
Regra 4	1	1	0	1

A e B são as variáveis a serem adicionadas. A soma é dada pelo símbolo de somatória (Σ), e a coluna de saída "vai um" é representada pelo símbolo Co (*carry out*). A Figura 6.1 mostra o símbolo do bloco meio-somador e sua representação com portas lógicas.

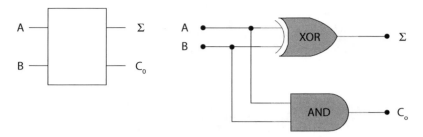

Figura 6.1 – Símbolo do bloco meio-somador e sua representação com portas lógicas.

Os meios-somadores somam apenas duas entradas (A e B) ou dois algarismos, como nas colunas dos "uns" de uma adição. Quando se soma a coluna dos "dois" ou dos "quatros", é necessário um circuito somador-total.

6.3 SOMADOR-COMPLETO

O meio-somador possibilita efetuar a soma de dois números binários de um algarismo. Esse circuito não é suficiente para somar números binários de mais de um algarismo, pois não permite o transporte ou o "vai um" para a outra coluna ou posição. Nesse caso, é necessário o uso do somador-total (FA, *Full-Adder*).

O somador-total soma três entradas: A, B e Ci.

Ci significa *carry in*, ou seja, "vem 1". O "vem 1" é o 1 que veio transportado de uma coluna para outra. A Figura 6.2 nos mostra o símbolo ou diagrama de bloco do somador-total.

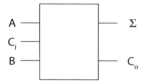

Figura 6.2 – Símbolo do somador-total.

A Tabela 6.2 nos mostra a tabela-verdade do somador-completo e demonstra como é possível a soma de dois números binários de mais de um algarismo, considerando o transporte de entrada (o "vai um" da coluna anterior).

Circuitos aritméticos

Tabela 6.2 – Somador-completo.

	Entradas			Saídas	
	A	B	Ci	Σ	Co
1	0	0	0	0	0
2	0	0	1	1	0
3	0	1	0	1	0
4	0	1	1	0	1
5	1	0	0	1	0
6	1	0	1	0	1
7	1	1	0	0	1
8	1	1	1	1	1

Fazendo a simplificação das saídas, teremos:

$$\Sigma = A \oplus B \oplus Ci$$

$$Co = A.Ci + B.Ci + A.B$$

A Figura 6.3 nos mostra o circuito de um somador-completo utilizando portas lógicas.

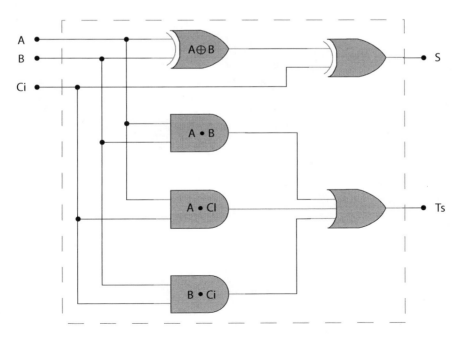

Figura 6.3 – Circuito de um somador-completo.

O circuito da Figura 6.4 mostra um somador-total utilizando dois meios-somadores e uma porta OU.

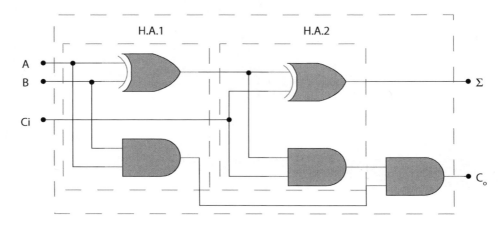

Figura 6.4 – Circuito de um somador-total.

6.4 MEIO-SUBTRATOR

O meio-subtrator (HS, *Half-Subtrator*) faz a subtração de dois algarismos binários da coluna dos "uns".

As regras de subtração binária usando 2 bits estão na Tabela 6.3.

Tabela 6.3 – Meio-subtrator.

	Entrada		Saídas	
	A	B	Di Diferença	Bo Empréstimo
Regra 1	0	0	0	0
Regra 2	0	1	1	1
Regra 3	1	0	1	0
Regra 4	1	1	0	0

Onde:

A = minuendo;

B = subtraendo;

Di = diferença;

Bo = empréstimo (*borrow*).

A Figura 6.5 mostra o símbolo do bloco meio-subtrator e sua representação com portas lógicas.

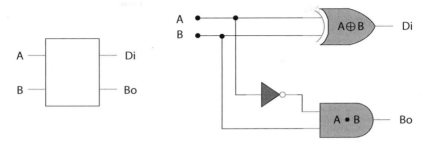

Figura 6.5 – Símbolo do bloco meio-subtrator e sua representação com portas lógicas.

6.5 SUBTRATOR-TOTAL

O meio-subtrator pode ser usado para a casa dos "uns". Entretanto, para a casa dos "dois", "quatro...", são usados os subtratores-totais (FS, *Full-Subtrator*), conforme exemplo a seguir.

Subtração binária: 100101 – 1010

CASAS ->	32	16	8	4	2	1
A	1	0	0	1	0	1
B			1	0	1	0
Di	0	1	1	0	1	1
Bo	0	1	1	0	1	0

O subtrator-total possui três entradas: (A) minuendo, (B) subtraendo e (Bin) entrada de empréstimo; e duas saídas: (Di) diferença e (Bo) saída de empréstimo. A Tabela 6.4 mostra a tabela-verdade do subtrator-total.

Tabela 6.4 – Subtrator-total.

Entradas			Saídas	
A	B	Bin	Di	Bo
0	0	0	0	0
0	0	1	1	1
0	1	0	1	1
0	1	1	0	1

(continua)

Tabela 6.4 – Subtrator-total *(continuação)*.

Entradas			Saídas	
A	B	Bin	Di	Bo
1	0	0	1	0
1	0	1	0	0
1	1	0	0	0
1	1	1	1	1

Fazendo a simplificação das saídas, teremos:

$Di = A \oplus B \oplus Bin$;

$Bo = A.B + A.Bin \oplus B.Bin$.

A Figura 6.6 mostra o circuito de um subtrator-completo utilizando portas lógicas.

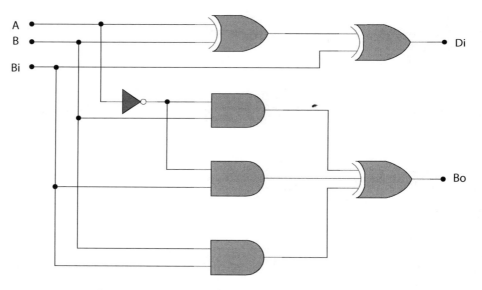

Figura 6.6 – Circuito de um subtrator-completo utilizando portas lógicas.

O circuito da Figura 6.7 mostra um subtrator-completo utilizando dois meios-subtratores e uma porta OU.

Circuitos aritméticos 83

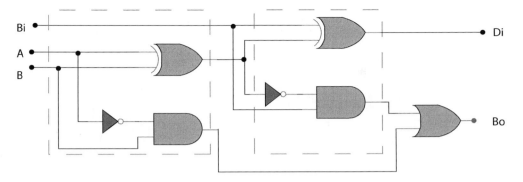

Figura 6.7 – Circuito de um subtrator-completo utilizando dois meios-subtratores e uma porta OU.

6.6 SOMADORES E SUBTRATORES EM PARALELO

A adição binária em paralelo efetua, com rapidez, a soma de grandes números binários. Todas as palavras binárias a serem adicionadas são aplicadas às entradas como uma soma quase imediata. A Figura 6.8 mostra um grupo de 4 bits em paralelo.

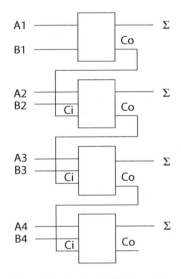

Figura 6.8 – Grupo de 4 bits em paralelo.

NOTA

A subtração binária em paralelo é efetuada também com grande rapidez. Podemos ver na Figura 6.9 o esquema em blocos dessa configuração.

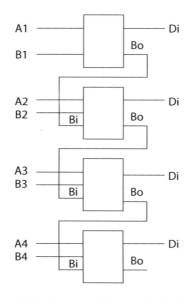

Figura 6.9 – Diagrama em blocos da subtração binária.

Um somador em série opera com um processo semelhante à adição feita à mão, mas tem a desvantagem de ser mais lento do que o somador paralelo, sobretudo quando a soma envolve grandes números binários. Como na adição, a subtração pode ser efetuada também por subtrator em série.

NOTA

Na prática, em vez de se montar somadores-completos com portas lógicas, podemos adquiri-los na forma de CI. A Figura 6.10 mostra o diagrama de um CI somador-total de 4 bits.

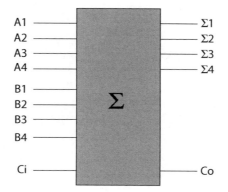

Figura 6.10 – Diagrama de um CI somador-total de 4 bits.

6.7 RESUMO

- Circuitos aritméticos: são circuitos combinatórios simples que executam operações aritméticas, como adição e subtração de números binários.

- Meio-somador soma apenas duas entradas, ou seja, apenas 2 bits.

- Somador-completo: esse circuito é capaz de somar números binários de mais de um algarismo, pois permite o transporte ou o "vai um".

- Meio-subtrator: faz a subtração de apenas dois algarismos binários.

- Subtrator-completo: efetua a subtração completa, considerando o transporte de entrada.

- Adição (subtração) binária em paralelo efetua com rapidez a soma (subtração) de grandes números binários.

EXERCÍCIOS DE FIXAÇÃO

1) Desenhe o circuito do meio-subtrator usando portas lógicas.
2) Como você faria para somar dois números que não fossem binários?
3) Monte a tabela-verdade do somador-completo.

7. BIESTÁVEIS LÓGICOS

7.1 INTRODUÇÃO

O sinal na saída de um circuito sequencial, em um dado instante, é influenciado por eventos anteriores. Isso pressupõe uma característica de memória, isto é, o circuito deve ter condições de "lembrar" de seu estado anterior para, ao receber um novo comando, mudar para o passo subsequente. Logo, o que identifica os circuitos sequenciais é a característica de memória.

Em lógica digital, uma memória pode ser desde um dispositivo simples, capaz de armazenar apenas 1 bit, até arranjos complexos com possibilidade de armazenar milhões de bytes de informação digital.

Uma chave como a utilizada para fazer a comutação "farol alto/farol baixo" nos veículos pode ser considerada uma unidade elementar de memória. Nesse caso, com capacidade de armazenar 1 bit. No campo da eletrônica, o dispositivo equivalente a essa chave de comutação é o chamado biestável lógico, ou *flip-flop*. Esse dispositivo é capaz de armazenar 1 bit de informação binária, sendo constituído pela associação de portas lógicas, como inversora, NAND, NOR etc. A Figura 7.1 ilustra um biestável na sua versão mais simples.

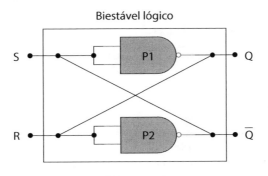

Figura 7.1 – Biestável lógico.

Diz-se que um *flip-flop* está no estado "1" quando Q = 1 e no estado "0" quando Q = 0. No circuito mostrado na Figura 7.1, é impossível determinar que estado assumirá a saída no momento em que o circuito for energizado. Considere então que Q = 1. A saída Q está conectada à entrada A e, dessa forma, a entrada de A estará "alta", o que faz sua saída ir para o nível "0". O sinal de saída de Q é realimentado à entrada B, fazendo sua saída permanecer no nível "1". Tem-se, assim, uma das condições estáveis. Para o *flip-flop* mudar de estado, pode-se simplesmente aplicar um pulso negativo à entrada A, que nesse caso está em nível alto.

7.2 TIPO *RESET-SET* (RS)

O circuito anterior apresenta a deficiência da carga apresentada devido à conexão direta das entradas com as saídas, apresentando problemas de *fan-out*, que significa o valor máximo de entradas que uma porta lógica em um circuito integrado pode suportar sem sofrer sobrecarga de corrente. Uma forma de resolver esse problema é utilizar P_1 e P_2 não como inversores, mas como portas NAND, conforme ilustra a Figura 7.2.

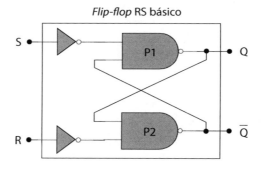

Figura 7.2 – Biestável RS.

Pode-se "escrever" 0 ou 1 nessa pequena célula de memória por meio das entradas R e S, sem os problemas de *fan-out*. Supondo-se que seja pedido para armazenar um estado específico, Q = 1, por exemplo. Nesse caso, basta levar a entrada S para "0" e R para "1". A desvantagem apresentada pelo biestável tipo RS é a ambiguidade, ou seja, a saída é indeterminada quando ambas as entradas são levadas para nível 1, ou seja: S = R = 1.

7.3 SÍNCRONO

Em um sistema sequencial, muitas vezes torna-se necessário sincronizar os biestáveis com pulsos de comando, denominados pulsos de relógio. O *flip-flop* mostrado na Figura 7.2 pode ser transformado em um biestável síncrono, substituindo-se os inversores de entrada por portas NAND, conforme ilustra a Figura 7.3. Como pode ser observado na Figura 7.3,

P_1 e P_2 formam o biestável e as portas P_3 e P_4 constituem um sistema de controle, o qual só transfere a informação para o *flip-flop* quando recebe o pulso de relógio na entrada de *clock*.

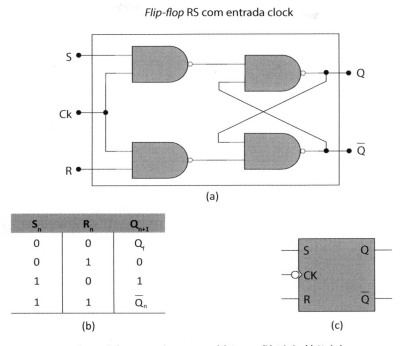

Figura 7.3 — Biestável RS síncrono. (a) Circuito. (b) Tabela. (c) Símbolo.

Nos circuitos síncronos RS, o inconveniente continua o mesmo, conforme ilustrado na quarta linha da Tabela 7.3(b), ou seja, quando S = R = 1, após a ativação do *clock*, a saída fica indeterminada. O pino de *clock* é também chamado de pino de *enable*.

> **NOTA**
>
> Os biestáveis podem ter seu terminal de *clock* ativo em determinado nível lógico, ou mesmo na transição de determinado nível lógico. Os biestáveis que possuem o *clock* ativo em nível são chamados *latch*.

Os *flip-flops* mais utilizados são os tipos JK, T e D. O biestável JK elimina os problemas de indeterminação ou ambiguidade apresentados pelo biestável RS. O *flip-flop* tipo T atua como um interruptor tipo "pera", mudando de estado a cada pulso de relógio. O *flip-flop* tipo D, por sua vez, atua como uma unidade de retardo, a qual faz a saída "copiar" a entrada, porém atrasada pelo tempo de um pulso de relógio. A seguir, estudaremos esses tipos de *flip-flop* em detalhes.

7.4 TIPO JK

O que caracteriza esse tipo de biestável é o emprego de realimentação, ou seja, um elo de ligação entre a saída e a unidade de controle, conforme ilustra a Figura 7.4.

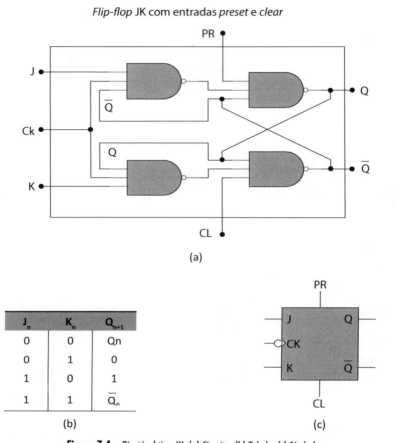

Figura 7.4 – Biestável tipo JK. (a) Circuito. (b) Tabela. (c) Símbolo.

Os símbolos PR e CL se referem às entradas *preset* e *clear*, respectivamente, que permitem ajustar a condição inicial de funcionamento, uma vez que elas têm prioridade sobre as demais entradas. Essas entradas não devem ser ativadas simultaneamente para não causar indeterminação nas saídas.

7.5 TIPO D

O biestável tipo D pode ser obtido por meio de uma pequena modificação realizada em um *flip-flop* tipo RS síncrono, ou mesmo em um JK. Basta introduzir um inversor interligando as entradas J e K ou R e S, conforme ilustra a Figura 7.5.

Essa é uma forma de eliminar a condição de ambiguidade, pois jamais ocorrerá a situação S = R ou J = K.

Biestáveis lógicos 91

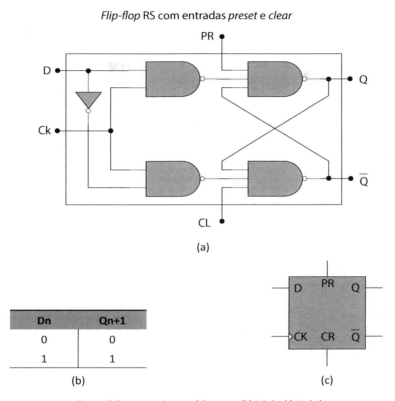

Figura 7.5 – Biestável tipo D. (a) Circuito. (b) Tabela. (c) Símbolo.

Como pode ser observado na tabela, na saída Q de um biestável tipo D, copia o dado presente na entrada D após o pulso de *clock*. Biestáveis que não possuem terminal de relógio, como os biestáveis do tipo D apresentados na Figura 7.5, são denominados *latch*, que literalmente significa "trinco", mas que traduz a ideia de uma memória capaz de armazenar temporariamente uma informação digital.

NOTA

O termo *latch* é utilizado para biestáveis que não possuem terminal de *clock*, os chamados biestáveis assíncronos.

7.6 TIPO T

Este tipo de *flip-flop* inverte o estado lógico de sua saída a cada pulso de *clock*, desde que a entrada T seja mantida no nível 1. Caso a entrada T seja mantida no estado lógico 0, a saída manterá o estado anterior, se tornando insensível aos pulsos de *clock*.

O *flip-flop* tipo T pode ser construído a partir de *flip-flops* JK. Para isso, basta unir as entradas J e K. O terminal resultante dessa união passa a se chamar entrada T. A Figura 7.6 ilustra essa construção.

O biestável tipo T é utilizado como divisor de frequências, apresentando na sua saída pulsos com a metade da frequência dos pulsos de *clock*, quando a entrada T é mantida no estado lógico 1.

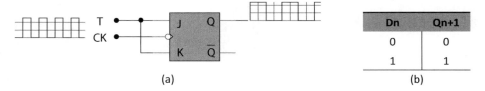

Figura 7.6 — Biestável tipo D. a) Divisor de frequências obtido a partir do JK. b) Tabela-verdade do biestável tipo T.

7.7 TIPO JK MESTRE/ESCRAVO

Interligando-se em cascata dois biestáveis, sendo o primeiro do tipo JK e o segundo do tipo RS, ambos síncronos, e realimentando-se a saída do segundo à entrada do primeiro, temos o chamado JK mestre/escravo. Outra característica desse biestável é a existência de um inversor interligando as entradas de *clock* do mestre e do escravo. A Figura 7.7 ilustra o biestável JK mestre/escravo, também conhecido com o termo em inglês *master/slave*.

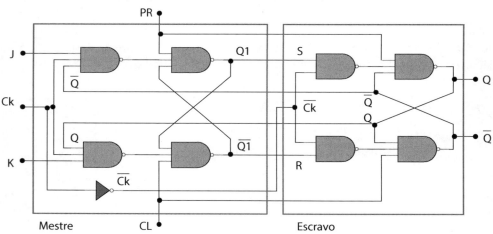

Figura 7.7 — Biestável JK mestre/escravo.

O biestável JK mestre/escravo tem como principal característica a habilitação do *clock* na transição do pulso de *clock*, ou seja, na subida e na descida. Na subida do pulso de relógio, o mestre é habilitado e atua como um JK convencional. Por outro lado, enquanto o pulso de relógio permanece no nível 1, o escravo está bloqueado, pois recebe esse pulso por meio do inversor.

Dessa forma, o escravo só muda de estado na descida do pulso de relógio. Essa característica elimina a possibilidade de surgirem oscilações indesejáveis, como no caso do JK convencional. Assim, na descida do pulso de relógio, o valor de Q_m é transferido para a saída Q.

É importante observar que os dados nas entradas J e K devem permanecer constantes durante o pulso de relógio, caso contrário poderão ocorrer falhas no funcionamento. O biestável JK mestre/escravo descrito acima é do tipo sensível à descida do pulso de relógio. Existem, porém, circuitos sensíveis à subida do pulso.

7.8 CONVERSÃO ENTRE *FLIP-FLOPS*

Na prática, muitas vezes a conversão de um determinado tipo de *flip-flop* em outro se faz necessária. A colocação de uma porta inversora em uma das entradas do *flip-flop* JK, por exemplo, transforma o *flip-flop* em tipo D. A Figura 7.8 ilustra essa conversão.

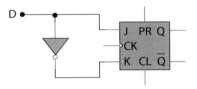

Figura 7.8 – Biestável tipo D obtido a partir de um biestável JK.

Essa configuração JK tem seu funcionamento ilustrado na Tabela 7.1. Observa-se que a coluna D e a coluna Qn+1 compõem o biestável do tipo D.

Tabela 7.1 – Funcionamento do *flip-flop* JK.

D	Q_n	Q_n'	R	S	Clock	Q_{n+1}
0	0	1	0	0	↓	0
0	1	0	0	0	↓	1
1	1	0	1	0	↓	0
1	0	1	0	1	↓	1

Outro exemplo é a conversão de um *flip-flop* RS em um do tipo T. Essa conversão é ilustrada na Figura 7.9, onde a entrada de dados é feita pela entrada T.

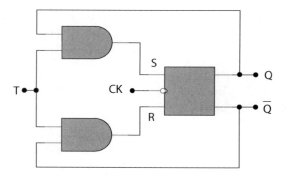

Figura 7.9 – Obtenção do biestável tipo T a partir do biestável RS.

A Tabela 7.2 ilustra o funcionamento do circuito da Figura 7.9, onde a coluna D e a coluna Q_{n+1} mostram o funcionamento do *flip-flop* tipo T. A Figura 7.10 ilustra a obtenção de um biestável tipo JK a partir de um biestável RS.

Tabela 7.2 – Avaliação do *flip-flop* da Figura 7.9.

D	J_n	K_n	Q_n	Clock	Q_{n+1}
1	1	0	Q_n	↓	1
1	1	0	1	↓	1
0	0	0	0	↓	0
0	0	1	Q_n'	↓	0

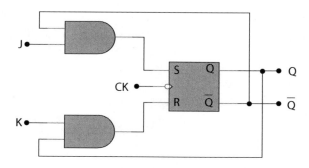

Figura 7.10 – Obtenção do biestável JK a partir do RS.

A tabela 7.3 comprova o funcionamento do biestável JK.

Tabela 7.3 – Funcionamento do *flip-flop* JK.

J	K	Q_n	Q_n'	R	S	Clock	Q_{n+1}
0	0	0	1	0	0	↓	0
0	0	1	0	0	0	↓	1
1	0	0	1	0	1	↓	1
1	0	1	0	0	0	↓	1
0	1	0	1	0	0	↓	0
0	1	1	0	1	0	↓	0
1	1	0	1	0	1	↓	1
1	1	1	0	1	0	↓	0

7.9 RESUMO

- O sinal na saída de um circuito sequencial, em um dado instante, é influenciado por eventos anteriores. Isso pressupõe uma característica de memória; *flip-flops* são circuitos eletrônicos capazes de armazenar 1 bit de informação binária.

- O *flip-flop*, ou biestável lógico do tipo RS, foi muito utilizado para memorizar estados lógicos, mas apresenta a desvantagem de possuir indeterminação quando R = 1 e S = 1.

- O *flip-flop* do tipo JK foi criado para sanar o problema do *flip-flop* RS, não apresentando mais a indeterminação nas saídas quando J = 1 e K = 1. Nesse caso, o *flip-flop* JK inverte o estado lógico das saídas.

- Quanto ao sincronismo, existem os biestáveis síncronos e assíncronos. Os biestáveis assíncronos não possuem todos os terminais de *clock*. Já os biestáveis síncronos possuem terminal de *clock* que podem ser disparados por um pulso de relógio.

- O biestável tipo D pode ser obtido por meio de uma pequena modificação realizada em um *flip-flop* tipo RS síncrono, ou mesmo em um JK. Basta introduzir um inversor entre as entradas R e S. Sua característica principal é **copiar o dado aplicado à entrada D** a cada transição de *clock*.

- O *flip-flop* tipo T inverte o estado lógico de sua saída a cada pulso de *clock*, desde que a entrada T seja mantida no nível 1. Caso a entrada T seja mantida no estado lógico 0, a saída manterá o estado anterior, se tornando insensível aos pulsos de *clock*. O *flip-flop* tipo T pode ser construído a partir de *flip-flops* JK. Para isso, basta unir as entradas J e K. O terminal resultante dessa união passa a se chamar entrada T. É utilizado pra dividir a frequência.

EXERCÍCIOS DE FIXAÇÃO

1) O que é um biestável?
2) Qual a principal desvantagem do biestável do tipo RS?
3) É possível transformar um biestável do tipo JK em um biestável do tipo D? Como?
4) Cite uma aplicação para o biestável tipo T.
5) Qual a melhora dos JK mestre/escravo em relação ao JK convencional?
6) Como transformar um biestável do tipo JK em um biestável do tipo T?
7) Qual a vantagem do biestável JK em relação ao biestável RS?
8) O que é *latch*?

8. CONTADORES

8.1 INTRODUÇÃO

Contadores são circuitos formados a partir de biestáveis lógicos, também chamados de *memórias*. Os contadores têm a função incrementar ou decrementar um número inicial. Os contadores se dividem em síncronos e assíncronos, sendo essa classificação feita de acordo com o pino *clock* ser comum ou não aos demais *flip-flops* do sistema. Assim, a contagem pode ser disparada a partir de um pulso de relógio ou mesmo de forma assíncrona.

8.2 ASSÍNCRONO

Entre os contadores, os contadores assíncronos são os de mais fácil implementação, sendo também chamados de contadores *ripple* ou *ripple counter*. São caracterizados por não terem os *flip-flops* sob comando de um único pulso de relógio, isto é, as entradas de relógio (*clock*) não são comuns.

Nessa configuração, o pulso de relógio entra somente no primeiro *flip-flop*, que é o menos significativo. As demais entradas de *clock*, dos blocos subsequentes, são alimentadas pela saída do *flip-flop* que lhe antecede. A limitação dos contadores assíncronos está na velocidade de operação.

A Figura 8.1 ilustra um contador assíncrono binário para 4 bits. Inicialmente, todos os *flip-flops* estão no estado lógico 0 ($Q_A = Q_B = Q_C = Q_D = 0$). Aplicando-se um pulso à entrada de *clock* do *flip-flop* A, Q_A é forçada a mudar de 0 para 1. O *flip-flop* B não muda de estado por ser sensível à transição negativa do pulso. Com a chegada do segundo pulso de *clock* ao *flip-flop* A, Q_A vai de 1 para 0.

Essa mudança de estado gera a transição negativa necessária para disparar o *flip-flop* B e levar Q_B de 0 para 1. Antes da chegada do décimo sexto pulso de *clock*, todos os *flip-flop* estão no estado lógico 1 ($Q_A = Q_B = Q_C = Q_D = 1$). O décimo sexto pulso força as saídas a retornarem ao estado lógico 0.

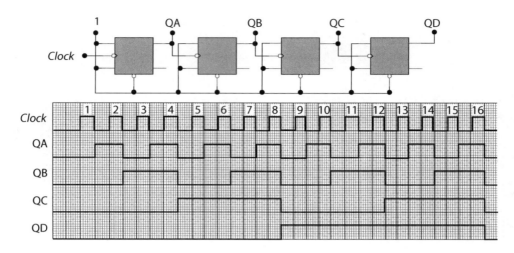

Figura 8.1 – Contador assíncrono.

Um contador binário de 4 bits retorna ao estado inicial a cada 2^n pulsos de *clock*, sendo n o número de *flip-flops*. O contador assíncrono apresentado na Figura 8.1 opera no sistema numérico de base 16, apresentando dezesseis estados distintos de 0 a $2^n - 1$, mostrados na Tabela 8.1.

Tabela 8.1 – Evolução das saídas do contador binário assíncrono.

Estado	Q_D	Q_C	Q_B	Q_A
0	0	0	0	0
1	0	0	0	1
2	0	0	1	0
3	0	0	1	1
4	0	1	0	0
5	0	1	0	1
6	0	1	1	0
7	0	1	1	1
8	1	0	0	0
9	1	0	0	1
10	1	0	1	0
11	1	0	1	1
12	1	1	0	0
13	1	1	0	1
14	1	1	1	0
15	1	1	1	1

Em aplicações em que os estados binários do contador devem ser convertidos em saídas distintas, utiliza-se um circuito decodificador. A Figura 8.2 ilustra um contador binário crescente de 3 bits com decodificação dos oito estados possíveis, de 0 a 7.

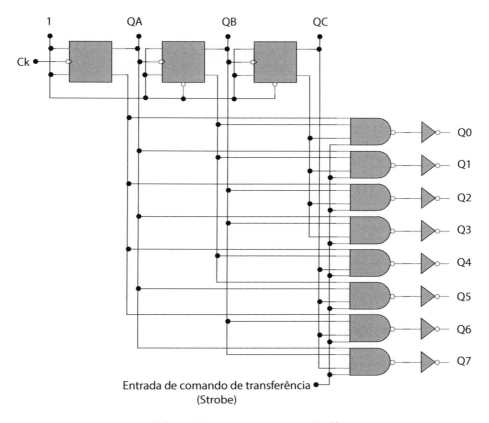

Figura 8.2 – Contador assíncrono crescente com decodificação.

Na decodificação de estados de um contador assíncrono, as saídas da matriz decodificadora apresentam pulsos falsos na mudança de estado dos *flip-flops*. Os retardos de propagação dos *flip-flops* geram estados falsos por curto período de tempo, conforme ilustra a Figura 8.3.

Esses espúrios na decodificação podem ocorrer em qualquer. Os espúrios deixam de ocorrer somente se todos os *flip-flops* mudarem de estado no mesmo instante ou se apenas um deles mudar de estado a cada pulso de relógio. Para eliminar esses ruídos, costuma-se utilizar um comando de transferência que habilita a decodificação somente depois que todos os *flip-flops* se estabilizarem.

Os contadores assíncronos são construídos a partir de divisões sucessivas de frequência, conforme ilustra a Figura 8.4. Pode-se observar que o período (T) das ondas vai dobrando a cada saída.

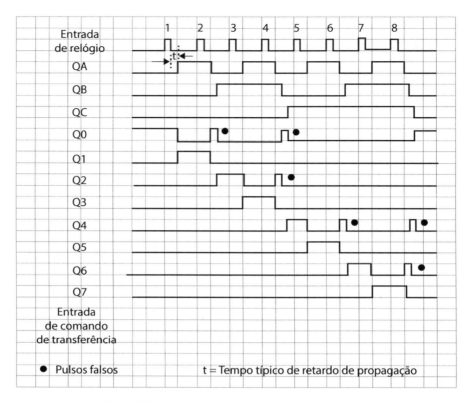

Figura 8.3 – Forma de onda na saída do contador de decodificação.

O *flip-flop* A muda de estado a cada pulso de relógio, dividindo, assim, por 2 a frequência de entrada. Por sua vez, o *flip-flop* B, mudando a cada transição negativa de A, divide a frequência de entrada por 4.

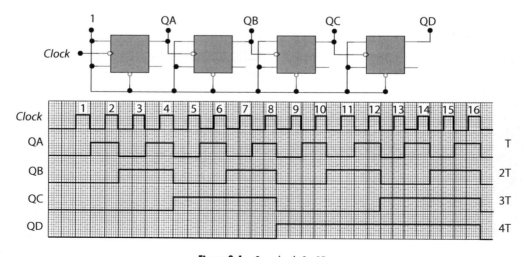

Figura 8.4 – Contador de 0 a 15.

Considere 2^n como sendo o valor máximo da divisão de frequência, onde n = número de *flip-flops*. Desse modo, um contador de 4 bits pode ser usado para dividir a frequência até 2^n, ou seja, 16. Estágios extras podem ser adicionados quando se deseja divisão por uma potência maior.

Para obter uma divisão de frequência por um número inteiro qualquer, utilize o seguinte método:

a) Obtenha o número n de *flip-flops* necessários.

$2^{n-1} < E < 2^n$, onde E = maior número da contagem. Se E não é potência de 2, use a potência de 2 imediatamente acima.

b) Ligue todos os *flip-flops* como um contador assíncrono, conforme ilustrado na Figura 8.5.

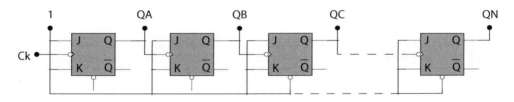

Figura 8.5 — Ligação dos *flip-flops* de forma assíncrona.

c) Encontre o próximo número da contagem: E-1, no caso de um contador decrescente, e E+1, no caso de um contador crescente.

d) Ligue todas saídas dos *flip-flops* que sejam 1 na contagem do próximo número (E-1 ou E+1), nas entradas de uma porta NAND. Alimente também a essa porta o pulso de *clock*.

e) Ligue a saída da porta NAND às entradas *preset* de todos os *flip-flops* que têm sua saída em 0, na contagem E-1 (para contadores decrescentes).

Na transição positiva do enésimo pulso de relógio, todos os *flip-flops* estão no estado 1. Assim, na transição negativa seguinte desse mesmo pulso, todos os *flip-flops* vão para o estado 0, retornando o contador para seu estado inicial.

O problema dos contadores assíncronos é o acúmulo de retardos sofrido pelo sinal em cada estágio. Os retardos são causados pelo atraso de propagação de cada estágio, tornando-se mais evidente à medida que cresce o número máximo de contagem. Eles são proporcionais à frequência de operação do circuito; assim, os contadores assíncronos possuem limitação de frequência de operação.

EXEMPLO: CONTADOR DECRESCENTE DE 12 A 0.

- $2^3 < 12 < 2^4$. Assim, n = 4, ou seja, são necessários 4 *flip-flops*.
- E = 12, então, E-1 (decrescente) = 11. Logo $11_{(10)} = 1011_{(2)}$.
- $1011_{(2)} \rightarrow$ DCBA, isto é, o *flip-flop* A corresponde ao bit menos significativo.

A Figura 8.6 ilustra o circuito do contador decrescente de 12 a 0 e a Tabela 8.2 mostra a evolução das saídas a cada estado.

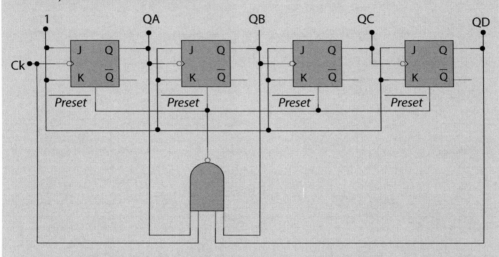

Figura 8.6 — Programação do contador com uso da porta NAND.

Tabela 8.2 — Contador decrescente de 12 a 0.

Estado	Saídas			
	Q_D	Q_C	Q_B	Q_A
0	0	0	0	0
1	0	0	0	1
2	0	0	1	0
3	0	0	1	1
4	0	1	0	0
5	0	1	0	1
6	0	1	1	0
7	0	1	1	1
8	1	0	0	0
9	1	0	0	1
10	1	0	1	0
11	1	0	1	1
0	0	1/0	0	0

Cada *flip-flop* que compõe o contador tem um peso específico associado. Considerando o exemplo anterior, o *flip-flop* A tem peso de 2^0 quando sua saída está em nível lógico 1. O *flip-flop* B tem peso de 2^1, o *flip-flop* C tem peso de 2^2 e o *flip-flop* D tem peso de 2^3. O número armazenado em um contador em qualquer tempo específico pode ser determinado pela soma dos pesos dos *flip-flops* no estado 1. Um contador que conta na maneira binária padronizada e recicla para cada dez pulsos de *clock* é denominado contador BCD 8421.

Em muitos contadores dedicados, na forma de circuito integrado, não existe disponível a linha de *preset*, no entanto existem as entradas *clear*. A Figura 8.7 ilustra um contador divisor por 12 usando a linha de *clear*.

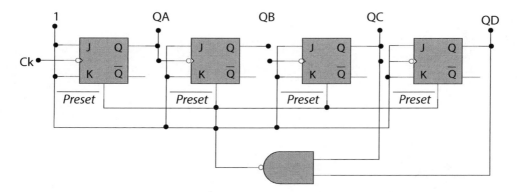

Figura 8.7 – Contador divisor por 12.

Os contadores podem também ser classificados pelo tipo de contagem que executam, ou seja, se executam contagem crescente ou decrescente; a estes damos os nomes de contadores crescentes e contadores decrescentes, respectivamente. O circuito que efetua a contagem decrescente é o mesmo circuito que efetua a contagem crescente, com a diferença de extrairmos as saídas dos terminais $\overline{Q}_A$, $\overline{Q}_B$, $\overline{Q}_C$ e $\overline{Q}_D$, sendo o terminal $\overline{Q}_D$ o bit mais significativo. Pode-se observar pela Tabela 8.3 que a contagem decrescente nada mais é que o complemento da contagem crescente.

Tabela 8.3 – Contador decrescente.

Estado	Saídas			
	Q_D	Q_C	Q_B	Q_A
15	1	1	1	1
14	1	1	1	0
13	1	1	0	1
12	1	1	0	0
11	1	0	1	1

(continua)

Tabela 8.3 – Contador decrescente *(continuação)*.

Estado	Saídas			
	Q_D	Q_C	Q_B	Q_A
10	1	0	1	0
9	1	0	0	1
8	1	0	0	0
7	0	1	1	1
6	0	1	1	0
5	0	1	0	1
4	0	1	0	0
3	0	0	1	1
2	0	0	1	0
1	0	0	0	1
0	0	0	0	0

Na Figura 8.8 temos o circuito do contador decrescente.

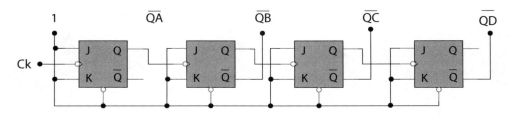

Figura 8.8 – Contador decrescente.

Outra forma de implementar o contador decrescente é conectar a saída complementar $\overline{Q}$ de cada *flip-flop* à entrada *clock* do *flip-flop* que imediatamente lhe segue. Nesse caso, as saídas são Q_A, Q_B, Q_C e Q_D, sendo Q_D o bit mais significativo, conforme ilustra a Figura 8.9.

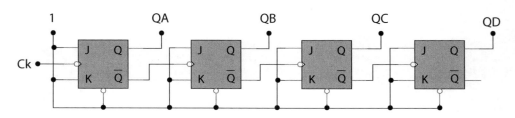

Figura 8.9 – Contador decrescente.

A Figura 8.10 ilustra as formas de onda obtidas nas saídas do contador crescente de 4 bits com *clock* ativo na descida do pulso de *clock*.

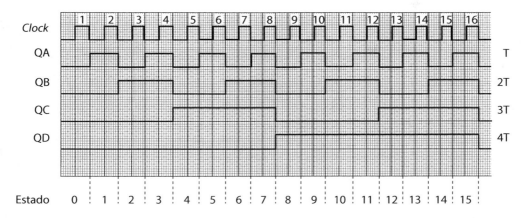

Figura 8.10 – Gráfico nas saídas do contador assíncrono crescente de 4 bits com *clock* ativo na descida do pulso de *clock*.

8.3 ASSÍNCRONO CRESCENTE/DECRESCENTE

Pode-se construir um contador assíncrono que conte tanto no sentido crescente quanto no decrescente. Essa seleção pode ser obtida interpondo portas lógicas entre os *flip-flops* de tal modo que o nível lógico no pino M pode determinar se a entrada de *clock* do *flip-flop* subsequente é conectada à saída Q ou $\overline{Q}$ do *flip-flop* anterior. Com a entrada M = 1, cada entrada de *clock* é conectada a uma saída Q e a contagem é crescente. Com a entrada M = 0, a contagem é decrescente, como mostra a Figura 8.11.

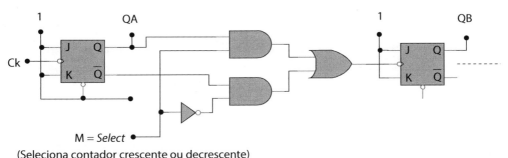

(Seleciona contador crescente ou decrescente)

Figura 8.11 – Seleção contador crescente/decrescente.

O problema do circuito ilustrado na Figura 8.11 é que, dependendo do estado lógico nas saídas dos *flip-flops*, a alteração no sentido de contagem, durante a contagem, pode acarretar alterações indesejadas nos níveis lógicos, perdendo-se a repetibilidade do processo.

A Figura 8.12 ilustra o circuito modificado que permitirá mudar o sentido em qualquer instante sem alteração na contagem. Nesse circuito há uma entrada adicional para cada porta AND que, por sua vez, é conectada à entrada de *clock*.

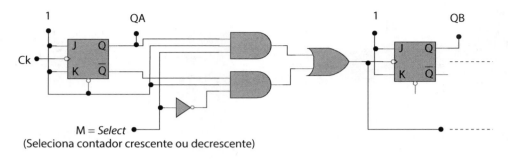

Figura 8.12 – Contador crescente/decrescente.

8.4 SÍNCRONO

A contagem síncrona elimina o acúmulo dos retardos vistos nos contadores assíncronos, pois todos os *flip-flops* estão controlados por meio do mesmo pulso de *clock*. A frequência é limitada apenas pelo retardo de um *flip-flop* mais os introduzidos pelas portas de controle. O projeto dos contadores síncronos para qualquer módulo que não seja potência de 2 é mais difícil que o projeto de seu correspondente assíncrono, sendo, porém, simplificado pelo uso dos diagramas de Karnaugh.

Entende-se por módulo de um contador o número de pulsos necessários para que ele retorne ao estado inicial.

A Figura 8.13 ilustra um contador síncrono de 4 bits com transporte paralelo. De acordo com a tabela de estados ilustrada na Tabela 8.4, o *flip-flop* A muda de estado a cada pulso de relógio. O *flip-flop* B muda de estado quando $Q_A = 1$; o *flip-flop* C muda quando $Q_A = Q_B = 1$; e o *flip-flop* D muda de estado quando $Q_A = Q_B = Q_C = 1$.

O controle de cada *flip-flop* é obtido por uma lógica que considera uma porta AND conectada às saídas anteriores.

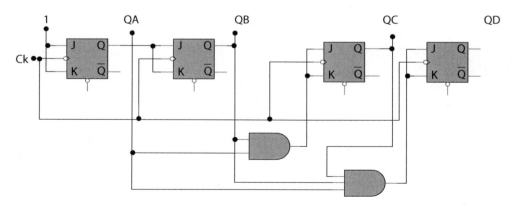

Figura 8.13 – Contador síncrono.

Tabela 8.4 – Contador crescente de 4 bits.

Estado	Q_D	Q_C	Q_B	Q_A
0	0	0	0	0
1	0	0	0	1
2	0	0	1	0
3	0	0	1	1
4	0	1	0	0
5	0	1	0	1
6	0	1	1	0
7	0	1	1	1
8	1	0	0	0
9	1	0	0	1
10	1	0	1	0
11	1	0	1	1
12	1	1	0	0
13	1	1	0	1
14	1	1	1	0
15	1	1	1	1
0	0	0	0	0

Conhecendo-se a estrutura lógica de controle, pode-se projetar um contador síncrono para uma contagem binária de tamanho 2^n. Para um ciclo diferente de 2^n, o controle lógico torna-se menos trivial. Por essa razão, as simplificações são realizadas pelos diagramas de Karnaugh para cada um dos *flip-flops*.

Dado o estado atual de um *flip-flop*, a Tabela 8.4 mostra quais níveis lógicos de entrada produzirão o próximo estado desejado no *flip-flop* seguinte.

A Figura 8.14a ilustra a matriz de referência para as designações de estado e mostra como um contador de 4 bits assume cada um de seus dezesseis estados.

(a)

Q_n	Q_{n+1}	J	K
0	0	0	X
0	1	1	X
1	0	X	1
1	1	X	0

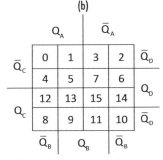

Figura 8.14 – Mapa-padrão para simplificação a partir da tabela-verdade. (a) Matriz de referência para designações de estado. (b) Mapa-padrão para simplificação de equações com quatro variáveis.

A Figura 8.15 apresenta as matrizes de controle para a saída Q_A. Cada célula representa um dos dezesseis estados possíveis do contador. Se o contador está em 0000 (sendo MSB o da direita), seu próximo estado será 0001. Para fazer o *flip-flop* A mudar de estado, J deve estar em 1, não interessando o nível de K; por isso, a célula 0000 do diagrama de Karnaugh para a variável de entrada J contém 1 e a mesma célula do diagrama de Karnaugh para a variável K contém X (*don't care*).

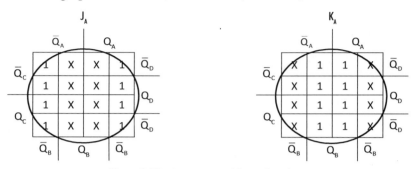

Figura 8.15 – Mapa para simplificação da saída A.

Estando o contador em 0001, seu próximo estado será 0010. Agora, para A mudar para 0, K deve ser 1, e o nível lógico de J não é levado em conta; assim, a célula 0001 do diagrama de Karnaugh para a variável de entrada J contém X, e a mesma célula no diagrama de Karnaugh para a variável K contém 1. Essa linha de procedimento é mantida até o preenchimento total da matriz de controle do *flip-flop* A.

A Figura 8.16 mostra o preenchimento da matriz de controle para o *flip-flop* B.

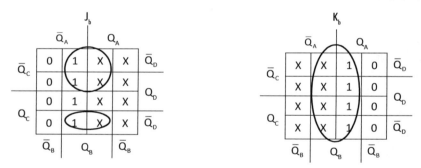

Figura 8.16 – Mapa para simplificação da saída B.

Com o contador em 0000, o próximo estado obriga B a permanecer em 0. Para tanto, faz-se J = 0 e K = X nas suas respectivas células, de acordo com a Figura 8.17.

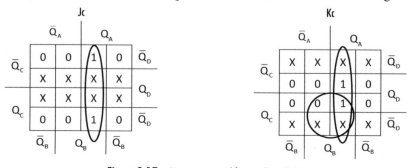

Figura 8.17 – Mapa para simplificação da saída C.

Contadores

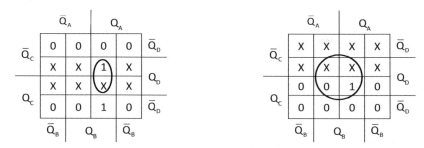

Figura 8.18 – Mapa para simplificação da saída D.

Para que o próximo estado do contador seja 0010, põe-se J = 1 e K = 0 nas respectivas células 0001, e assim por diante.

Quando todas as matrizes de controle estiverem completas, examina-se cada uma, levantando-se as expressões booleanas para os respectivos *flip-flops*.

Assim, tem-se $J_A = K_A = 1$ como equação de controle do *flip-flop* A, e para os demais teremos: $J_B = K_B = Q_A$, $J_C = K_C = Q_A \cdot Q_B$ e $J_D = K_D = Q_A \cdot Q_B \cdot Q_C$, que justificam as ligações das portas AND apresentadas na Figura 8.13.

8.5 ANEL

Neste contador, os *flip-flops* estão acoplados como em um registrador de deslocamento, com o último *flip-flop* acoplado ao primeiro, de tal modo que o arranjo dos estágios fica em forma de anel, dando o nome ao contador. Supondo que o anel tenha n *flip-flops* e que um deles está no estado lógico 1 na saída, enquanto todos os outros estão no estado lógico 0 em suas saídas, então, para cada pulso do relógio na entrada, a condição acionada avançará um *flip-flop* pelo anel, retornando ao *flip-flop* inicial depois de n ciclos na entrada. Esse circuito é mostrado na Figura 8.19 e constitui um contador de módulo 3.

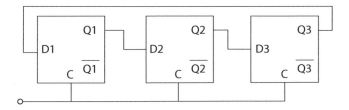

Figura 8.19 – Contador em anel.

O contador em anel tem a vantagem de não precisar de decodificação, pois é possível fazer a leitura da contagem pela observação do *flip-flop* que está acionado. Como sua operação é inteiramente síncrona e não necessita de portas externas aos *flip-flops*, ele tem a vantagem adicional de ser extremamente rápido, porém, para que operem em velocidades mais elevadas, deverão ser construídos a partir de uma tecnologia que suporte a velocidade de operação desejada, e isso envolve custos.

Um contador em anel síncrono costuma empregar mais estágios que um contador assíncrono. Considere um contador de módulo 16. Esse contador, se implementado em anel, precisa de dezesseis *flip-flops*, enquanto um contador *ripple* necessita de apenas quatro *flip-flops*.

8.6 CASCATA

Para se projetar contadores de módulos maiores, costuma-se acoplar contadores de módulos menores. Um contador de módulo 60, por exemplo, pode ser obtido a partir de um contador de módulo 10 acoplado a um contador de módulo 60. O contador de módulo 60 pode ser obtido nessa configuração de forma integrada.

Dispondo-se de vários contadores acoplados de módulo N_1, N_2... N_n, pode-se obter um contador de módulo:

$$E = N_1 \times N_2 \times ... \times N_n$$

O acoplamento de contadores síncronos é mais utilizado, pois no acoplamento de contadores assíncronos a frequência de trabalho é mais degenerada, uma vez que os atrasos de propagação se somam nessa configuração.

> **REGRA BÁSICA**
>
> Um contador de módulo $E = N_1 \times N_2$ pode ser obtido acoplando-se dois contadores síncronos de módulos N_1 e N_2, respectivamente.

Abaixo, o procedimento para acoplar dois contadores.

a) No contador de menor peso significativo, verifique se existe uma saída que mude somente uma vez de 0 para 1 e de 1 para 0 durante todo o ciclo da contagem.

b) Quando não existe a saída mencionada, faça uma combinação das saídas do último estado de contagem de modo que esta mude somente uma vez de 0 para 1 e de 1 para 0 durante todo o ciclo de contagem.

c) A saída ou combinação de saídas servirá de *clock* para o contador seguinte.

EXEMPLO

Considere um contador de módulo 21. Esse contador pode ser obtido a partir de um contador de módulo 7 combinado com um contador de módulo 3. As tabelas desses contadores estão ilustradas na Tabela 8.5.

Tabela 8.5 – Tabelas de contadores. (a) Módulo 7. (b) Módulo 3.

(a) Contador Módulo 7		
D	E	F
0	0	0
0	0	1
0	1	0
0	1	1
1	0	0
1	0	1
1	1	0

(b) Contador Módulo 3	
B	A
0	0
0	1
1	0

Acoplando-se esses dois contadores, obtemos o contador módulo 21. O acoplamento é ilustrado na Figura 8.20.

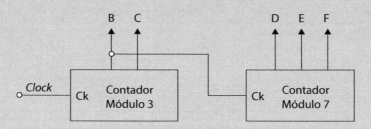

Figura 8.20 – Acoplamento de módulos contadores.

Pela tabela do contador módulo 3, verifica-se que a saída B muda de 0 para 1 e de 1 para 0 uma única vez, e no final da contagem. Portanto, a saída B do contador módulo 3 deve ser ligada ao *clock* do contador módulo 7.

Pela tabela do contador módulo 7, podemos verificar que não existe nenhuma saída que mude de 0 para 1 e de 1 para 0 uma única vez, e que esta ocorre no final da contagem. Logo, uma combinação das três saídas por meio de uma lógica combinacional adequada gera o sinal de *clock* desejado. Outro exemplo é o contador módulo 10, denominado contador de década. Esse contador está disponível em forma integrada na versão comercial da família TLL, o 7490. As Figuras 8.21 e 8.22 ilustram, respectivamente, a pinagem e a arquitetura interna do contador 7490.

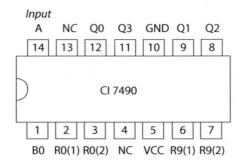

Figura 8.21 – Pinagem do CI 7490.

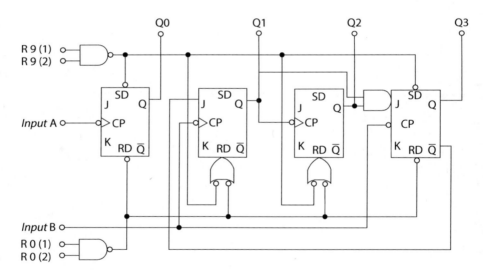

Figura 8.22 – Arquitetura interna do CI 7490.

Conectando-se a saída Q_A à entrada B, o contador funcionará como contador de década. A Tabela 8.6 ilustra o funcionamento do contador de década.

Tabela 8.6 – Contador de década.

Contagem	Saídas			
	Q_D	Q_C	Q_B	Q_A
0	0	0	0	0
1	0	0	0	1
2	0	0	1	0
3	0	0	1	1
4	0	1	0	0
5	0	1	0	1
6	0	1	1	0
7	0	1	1	1
8	1	0	0	0
9	1	0	0	1

As entradas R_0 e R_9 atuam como entradas de *preset*, sendo que a entrada reseta a contagem e R_9 força as saídas em $9_{(10)} \rightarrow 1001_{(2)}$. A Tabela 8.7 ilustra a atuação dessas entradas.

Tabela 8.7 – Atuação das entradas *clear* no CI 7490.

Entradas *preset*				Saídas			
$R_{0(1)}$	$R_{0(2)}$	$R_{(9)}$	$R_{9(2)}$	Q_D	Q_C	Q_B	Q_A
1	1	0	X	0	0	0	0
1	1	X	0	0	0	0	0
X	X	1	1	1	0	0	1
X	0	X	0	\multicolumn{4}{c	}{Contagem}
0	X	0	X				
0	X	X	0				
X	0	0	X				

A Figura 8.23 ilustra o circuito contendo dois contadores de década utilizados para construir um contador módulo 100, isto é, que conte de 0 a 99.

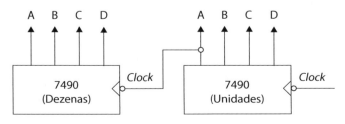

Figura 8.23 – Contador de 0 a 99.

Analisando a Tabela 8.8, observa-se que a saída Q_D é a única que muda de 1 para 0 uma única vez, e no final da contagem. Consequentemente, serve de *clock* para o contador seguinte.

Tabela 8.8 – Contador de década.

Clock	\multicolumn{4}{c}{Dezenas}	\multicolumn{4}{c}{Unidades}
	Q_D	Q_C	Q_B	Q_A	Q_D	Q_C	Q_B	Q_A
0	0	0	0	0	0	0	0	0
1	0	0	0	0	0	0	0	1
2	0	0	0	0	0	0	1	0
3	0	0	0	0	0	0	1	1
4	0	0	0	0	0	1	0	0
5	0	0	0	0	0	1	0	1
6	0	0	0	0	0	1	1	0
7	0	0	0	0	0	1	1	1
8	0	0	0	0	1	0	0	0
9	0	0	0	0	1	0	0	1
10	0	0	0	1	0	0	0	0
⋮								
99	1	0	0	1	1	0	0	1
100	0	0	0	0	0	0	0	0

Do 1º ao 9º pulso de *clock*, somente o contador das unidades é acionado. No 10º pulso de *clock*, o contador das unidades retorna a zero e o contador das dezenas é acionado pela primeira vez, formando o número decimal 10. A partir dos pulsos de *clock*, os contadores avançam na contagem sucessivamente, até atingirem a contagem binária $1001\ 1001_{(BCD)}$, que corresponde a $99_{(10)}$. No próximo pulso de *clock* o circuito retorna no estado inicial $0000\ 0000_{(BCD)}$.

8.7 CONTADOR DE 0 A 59 (MÓDULO 60)

Esse contador é muito utilizado em circuitos de relógio, pois a cada 60 segundos deve contar 1 minuto e a cada 60 minutos deve contar 1 hora. Um contador de 0 a 59 pode ser projetado de várias formas. A primeira é um contador assíncrono de 0 a n, onde n é igual a 59.

A segunda forma consiste na utilização de dois contadores assíncronos, sendo o primeiro de 0 a 9 (contador de década) e o segundo de 0 a 5 (módulo 6), ligados conforme ilustrado na Figura 8.24.

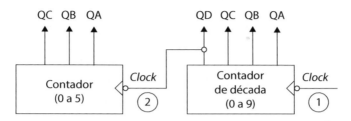

Figura 8.24 – Contador de 0 a 59.

Observa-se que a cada dez pulsos na entrada 1 teremos uma descida de pulso na entrada 2, e após sessenta pulsos teremos o contador novamente em estado inicial.

A terceira maneira seria utilizar um contador síncrono que execute a sequência de 0 a 59. Pode-se notar que, para construir esse contador partir de sua tabela, o trabalho seria exaustivo, pois seriam necessários seis *flip-flops*.

Uma quarta forma pode ser pensada pela utilização de dois contadores síncronos, um de década e um de 0 a 5, ligados de maneira análoga ao circuito ilustrado na Figura 8.24.

> **NOTA**
>
> Deve-se lembrar que contadores síncronos têm os terminais de *clock* de todos os *flip-flops* interligados.

8.8　DIAGRAMA EM BLOCOS DE UM RELÓGIO DIGITAL BÁSICO

O contador de 0 a 11 (módulo 12) é muito utilizado em circuitos de relógio, sendo utilizado para a contagem de horas. No caso da contagem de 1 a 12, é mais utilizado o contador síncrono, que permite mais facilmente o início da contagem pelo estado 1.

Com os elementos trabalhados até este momento, pode-se esquematizar o diagrama em blocos de um relógio digital básico, conforme ilustra a Figura 8.25.

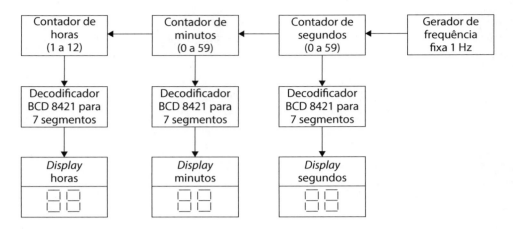

Figura 8.25 — Diagrama de um relógio digital.

Analisando esse diagrama em blocos, notamos que, a cada pulso do gerador de frequência, o contador de segundos apresentará sua contagem em um *display* de sete segmentos, gerando também um pulso de *clock* para o contador de minutos, que também apresentará sua contagem no *display* de minutos, e esse contador, por sua vez, gerará um pulso de *clock* para o contador de horas e, assim, poderemos ver no *display* geral a contagem que representará as horas, os minutos e os segundos.

8.9 RESUMO

- Contadores são circuitos sequenciais, formados por *flip-flops* que executam uma contagem, onde os estágios podem estar sincronizados ou não.

- Os contadores podem também ser classificados pelo tipo de contagem que executam, que pode ser crescente ou decrescente. O circuito que efetua a contagem decrescente é o mesmo circuito que efetua a contagem crescente, com a diferença de extrairmos o sinal das saídas Q ou seu complemento Q'.

- Em relação ao sincronismo das trocas de estado, os contadores se dividem em dois grandes grupos: síncronos e assíncronos. Os contadores assíncronos são menos complexos, porém têm velocidade limitada.

- O problema dos contadores assíncronos é o acúmulo de retardos sofridos devido ao atraso de propagação de cada estágio. O problema torna-se mais evidente à medida que cresce o número de estágios.

- A contagem síncrona é aquela em que todos os *flip-flops* são controlados por meio do mesmo pulso de *clock*. A vantagem da contagem síncrona é que elimina o acúmulo dos retardos que ocorre nos contadores assíncronos, assim a frequência é limitada apenas pelo retardo de um *flip-flop* mais os introduzidos pelas portas de controle.

- O projeto dos contadores síncronos para qualquer módulo que não seja potência de 2 é mais difícil que o projeto de seu correspondente assíncrono, sendo, porém, simplificado pelo uso dos diagramas de Karnaugh.
- Um contador de módulo E pode ser obtido acoplando-se dois contadores síncronos de módulos n_1 e n_2, de modo que $E = n_1 \times n_2$. Um contador de módulo 21, por exemplo, pode ser obtido a partir de um contador de módulo 7 combinado com um contador de módulo 3.

EXERCÍCIOS DE FIXAÇÃO

1) Qual a vantagem e a desvantagem do contador síncrono, quando comparado com o contador assíncrono?
2) O que é um contador *ripple*?
3) O que limita a velocidade de operação nos contadores assíncronos?
4) Cite duas formas de obter um contador de módulo 20.
5) Projete um contador assíncrono, decrescente, para contar de 11 a 0.
6) Projete um contador síncrono, formado por *flip-flops* JK para contar de 0 a 13.
7) Quais são as duas formas de levar as quatro saídas do CI 7490 para $0000_{(2)}$?
8) Como é construído um contador em anel?
9) Que técnica de simplificação é utilizada, com frequência, para reduzir a complexidade dos contadores síncronos?
10) Qual a aplicação das entradas *preset* e *clear* dos *flips-flops* durante a contagem?

9. REGISTRADORES DE DESLOCAMENTO

9.1 INTRODUÇÃO

Conforme estudado nos capítulos anteriores, os *flip-flops* têm a capacidade de armazenar ou registrar bits. Neste capítulo serão estudadas as aplicações dos *flip-flops* como registrador de deslocamento, ou RD.

Um registrador é um conjunto de *flip-flops* com a finalidade de armazenar dados binários.

O RD, também chamado *shift register*, é um dispositivo síncrono no qual os dados podem ter entrada serial ou paralela, permanecendo armazenados até sua saída, que pode também ser serial ou paralela.

Um RD tem seus dados deslocados de 1 bit, à direita ou à esquerda, pela aplicação de um pulso de *clock*.

Os RD são classificados de acordo com a manipulação de dados e sentido de deslocamento, conforme segue:

- RD com entrada série/saída série (ES/SS);
- RD com entrada série/saída paralela (ES/SP);
- RD com entrada paralela/saída série (EP/SS);
- RD universais.

9.2 ENTRADA SÉRIE/SAÍDA SÉRIE

Em um registrador do tipo ES/SS (entrada série/saída série), os dados entram por um único *flip-flop*, são deslocados e estarão disponíveis também por meio de uma única saída. Assim, a entrada e a saída de dados se processa serialmente.

Analisando-se o funcionamento do registrador ES/SS de 4 bits implementado com *flip-flops* tipo D e considerando que :

- na condição inicial todos os *flip-flops* partem do estado zero (Q = 0);
- considerando a entrada de dados em 1, ao final do 1º pulso de *clock* (transição negativa), a saída do 1º *flip-flop* assume estado 1;
- no 2º pulso de *clock*, o 2º *flip-flop* assumirá nível lógico 1 em função de sua entrada ter 1;
- ao final do 4º pulso de *clock*, o 4º *flip-flop* assumirá 1 em sua saída, liberando então o dado.

A Figura 9.1 ilustra o circuito de um registrador de deslocamento do tipo ES/SS.

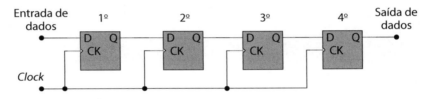

Figura 9.1 – Registrador de deslocamento tipo ES/SS.

Dessa forma, tem-se o deslocamento o dado de 1 bit por pulso de *clock*.

No exemplo anterior, o tamanho da palavra do registrador é de 4 bits, ou simplesmente registrador de 4 bits, uma vez que o número de *flip-flops* que o constitui é 4.

Assim, da mesma forma como é construído um registrador ES/SS de 4 bits, é possível construir o registrador para n bits, conforme ilustra a Figura 9.2.

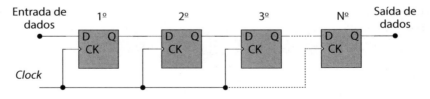

Figura 9.2 – Registrador de deslocamento ES/SS genérico.

A Tabela 9.1 resume o funcionamento do registrador de deslocamento ES/SS. Seu diagrama de tempo é ilustrado na Figura 9.3.

Tabela 9.1 – Registrador de deslocamento ES/SS.

Contagem	Entrada	Q_D	Q_C	Q_B	Q_A
0	1	1	0	0	0
1	1	1	1	0	0
2	1	1	1	1	0
3	1	1	1	1	1
4	0	0	1	1	1

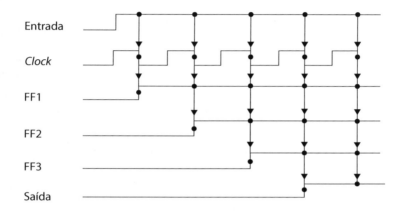

Figura 9.3 – Diagrama de sinais do RD ES/SS.

Após o 1º deslocamento, nada impede de introduzir um 2º bit na entrada de dados. Assim, após quatro deslocamentos, o 1º bit estará presente na saída de dados, enquanto o 2º bit estará na saída do 3º *flip-flop*. O mesmo processo se repete ao colocar mais bits na entrada. O número de bits que o registrador pode armazenar simultaneamente é referido como tamanho da palavra do registrador, e depende do número de *flip-flops* do registrador.

9.3 ENTRADA SÉRIE/SAÍDA PARALELA

No registrador de deslocamento com entrada série e saída paralela (ES/SP), os dados são introduzidos também por um único *flip-flop*, são deslocados, mas estarão disponíveis na saída de cada *flip-flop*. Assim, todas as saídas desse registrador estão disponíveis simultaneamente. A Figura 9.4 ilustra o RD ES/SP.

Observe o circuito a seguir:

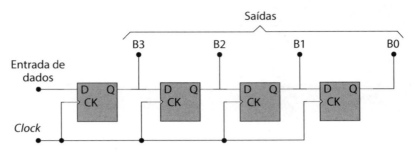

Figura 9.4 – Registrador de deslocamento ES/SP.

Essa configuração corresponde a um registrador ES/SP de 4 bits. A Tabela 9.2 ilustra o funcionamento desse RD, considerando que todos os *flip-flops* estão no estado inicial 0.

Tabela 9.2 – Tabela-verdade do RD ES/SP.

Entrada série	Clock	Q_D	Q_C	Q_B	Q_A
1	1	1	0	0	0
1	2	1	1	0	0
0	3	0	1	1	0
1	4	1	0	1	1

O funcionamento do registrador ES/SP por meio do diagrama de tempo está ilustrado na Figura 9.5.

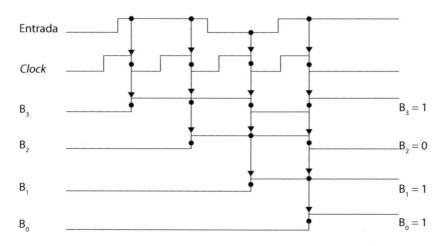

Figura 9.5 – Diagrama de tempo do registrador de deslocamento ES/SP.

Um registrador ES/SP de 8 bits é ilustrado na Figura 9.6. Trata-se do circuito integrado na Motorola 74HC164.

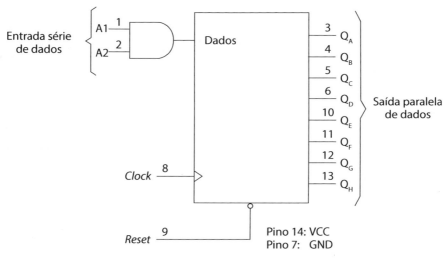

Figura 9.6 – Registrador de deslocamento ES/SP.

9.4 ENTRADA PARALELA/SAÍDA SÉRIE

Em um registrador do tipo com entrada paralela e saída série (EP/SS), todos os *flip-flops* são carregados simultaneamente, isto é, os dados são introduzidos ao mesmo tempo em todos os *flip-flops*. A saída, no entanto, se dará por meio de um único *flip-flop*. A Figura 9.7 ilustra um registrador EP/SS de 8 bits.

Internamente, o carregamento é efetuado por meio das entradas *preset* e *clear* de cada *flip-flop*.

> **NOTA**
>
> A entrada $\overline{shift/load}$ controla o modo de operação do registrador. Se essa entrada estiver em nível 1, estará habilitada a entrada paralela de dados.

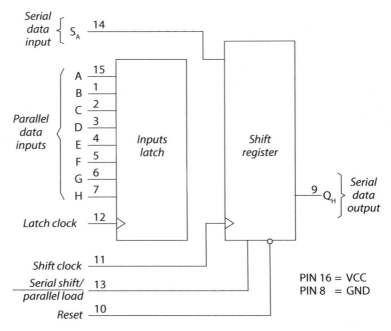

Figura 9.7 – Registrador de deslocamento EP/SS de 8 bits 74597.

A descrição dos pinos do CI 74597 é a seguinte:

Entrada de sados

A, B, C, D, E, F, G, H (pinos 15, 1, 2, 3, 4, 5, 6, 7)

Entrada de dados paralelo. Os dados dessas entradas são armazenados na entrada do *latch* na subida do pulso na entrada de *clock*.

SA (Pino 14)

Entrada de dados série. Os dados dessa entrada são deslocados na subida do *shift clock*. Os dados desta entrada são ignorados quando o pino **serial shift/parallel load** está baixo.

Entradas de controle

Deslocamento série/carga paralela (pino 13)

Quando um nível alto é aplicado a esse pino, o registrador de deslocamento é configurado para deslocar serialmente os dados. Quando um nível baixo é aplicado a esse pino, o registrador de deslocamento aceita dados paralelos do *latch* de entrada e inibe o deslocamento serial.

9.5 UNIVERSAL

Até agora foram estudados os registradores cujo tipo de entrada e saída (série ou paralelo) eram bem definidas. Nos registradores universais, o modo de operação pode ser selecionado, ou seja, por meio de uma seleção de modo de operação, esses registradores podem ter seus dados entrados no modo série ou paralelo e a saída também pode ser série ou paralela.

A Figura 9.8 ilustra o registrador de deslocamento de 4 bits, universal, da Motorola 7495.

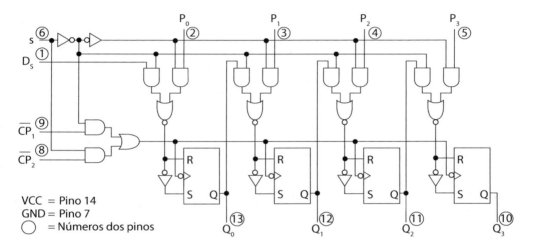

Fonte: Adaptado de Motorola, 2015.

Figura 9.8 – Registrador de deslocamento universal de 4 bits.

A pinagem do circuito integrado 7495 é a seguinte:

- S Entrada de controle de modo;
- DS Entrada de dados série;
- P0-P3 Entrada de dados paralela;
- CP1 Clock Série (ativo na descida);
- CP2 Clock Paralelo (ativo na descida);
- Q0-Q3 Saídas paralelas (nota b).

Conforme pode-se observar, esse circuito integrado permite o funcionamento do registrador de deslocamento nos seguintes modos: EP/SS, EP/SP, ES/SP e ES/SS.

A Tabela 9.3 ilustra o funcionamento do registrador de deslocamento 7495.

Tabela 9.3 – Seleção de modo de funcionamento do CI 7495.

Modo de operação	Entradas					Saídas			
	S	CP_1	CP_2	D_S	P_n	Q_0	Q_1	Q_2	Q_3
Deslocamento	L	↓	X	l	X	L	q_0	q_1	q_2
	H	↓	X	h	X	H	q_0	q_1	q_2
Carga paralela	H	X	↓	X	P_n	P_0	P_1	P_2	P_3
Troca de modo	↓	L	L	X	X	← Sem troca			
	↓	L	L	X	X	← Sem troca			
	↓	H	L	X	X	← Sem troca			
	↓	H	L	X	X	← Indeterminado			
	↓	L	H	X	X	← Indeterminado			
	↓	L	H	X	X	← Sem troca			
	↓	H	H	X	X	← Indeterminado			
	↓	H	H	X	X	← Sem troca			

Fonte: Adaptado de Motorola, 2015.

O CI 7495B é um registrador de deslocamento de 4 bits com modo de operação síncrono série e paralelo, possuindo uma entrada série (D_S), quatro entradas paralelas (P_0-P_3) e quatro saídas de dados paralela (Q_0-Q_3). O modo de operação, série ou paralelo, é controlado pela entrada (S) e duas entradas de *clock* (CP_1) e (CP_2). A transferência do dado série (*right-shift*) ou paralelo ocorre sincronizado na transição de descida da entrada de *clock* selecionada.

Quando a entrada de controle de modo (S) está alta, CP_2 é habilitada. Uma transição de descida no pino CP_2 habilitado transfere os dados paralelos das entradas P_0-P_3 para as saídas Q_0-Q_3.

Quando a entrada de controle de modo (S) está baixa, CP_1 está habilitada. Uma transição de descida na entrada habilitada CP_1 transfere os dados da entrada série (DS) para Q_0 e desloca os dados de Q_0 para Q_1, Q_1 para Q_2, e Q_2 para Q_3, respectivamente (*right-shift*). O deslocamento à esquerda é obtido por meio de uma conexão externa de Q_3 para P_2, Q_2 para P_1, e Q_1 para P_0 para operar no modo paralelo (S = 1). Para operação normal, S deverá trocar de estado somente quando ambas as entradas de *clock* estiverem baixas. No entanto, alterar o estado de S de baixo para alto enquanto CP_2 está alta, ou alterar S de alto para baixo enquanto CP_1 está alta e CP_2 está baixa, não irá causar qualquer troca nas saídas do registrador.

A Figura 9.9 ilustra os sinais de saída, considerando que o estado anterior dos *flip-flops* seja 0 (Q = 1).

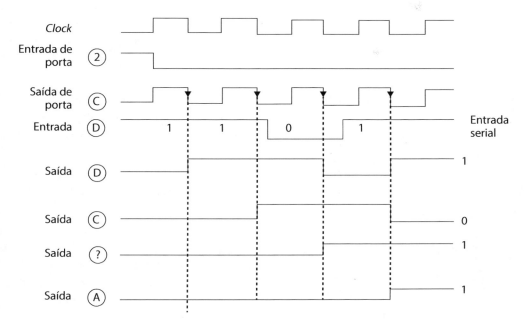

Figura 9.9 – Diagrama de tempo.

9.6 RESUMO

- Um registrador é um conjunto de *flip-flops* com a finalidade de armazenar dados binários.

- O RD, também chamado *shift register*, é um dispositivo síncrono no qual os dados podem ter entrada serial ou paralela, permanecendo armazenados até sua saída, que pode também ser serial ou paralela.

- Os RD são classificados de acordo com a manipulação de dados e sentido de deslocamento, conforme segue:
    - RD com entrada série/saída série (ES/SS);
    - RD com entrada série/saída paralela (ES/SP);
    - RD com entrada paralela/saída série (EP/SS);
    - RD universal.

- Em um registrador do tipo entrada série e saída série (ES/SS), os dados entram por um único *flip-flop*, são deslocados e estarão disponíveis também por meio de uma única saída. Assim, a entrada e a saída de dados se processa serialmente.

- No registrador de deslocamento com entrada série e saída paralela (ES/SP), os dados são introduzidos também por um único *flip-flop*, são deslocados, mas estarão disponíveis na saída de cada *flip-flop*. Assim, todas as saídas desse registrador estão disponíveis simultaneamente.

- Em um registrador do tipo com entrada paralela e saída série (EP/SS), todos os *flip-flops* são carregados simultaneamente, isto é, os dados são introduzidos ao mesmo tempo em todos os *flip-flops*. A saída, no entanto, se dará por meio de um único *flip-flop*.

- Em um registrador do tipo com entrada paralela e saída série (EP/SS), todos os *flip-flops* são carregados simultaneamente, isto é, os dados são introduzidos ao mesmo tempo em todos os *flip-flops*. A saída, no entanto, se dará por meio de um único *flip-flop*.

- Nos registradores bidirecionais, o deslocamento pode ser controlado, ou seja, pr meio de uma seleção de modo de operação, esses registradores podem ter seus dados deslocados tanto à esquerda como à direita.

EXERCÍCIOS DE FIXAÇÃO

1) Que tipo de biestável lógico é a base na composição dos RD?
2) Se você deseja transformar um sinal na forma serial em paralelo, qual tipo de RD utilizaria?
3) Qual o cuidado que devemos ter em relação à disponibilidade dos dados na saída em um registrador de seis estágios do tipo ES/SP?
4) Todo RD deve ser síncrono?
5) Desenhe um registrador de deslocamento com entrada série e saída série de três estágios e *clock* ativado na subida do pulso.
6) O que é um RD bidirecional?
7) Um RD EP/SP não converte os sinais de entrada/saída. Qual sua função então?
8) Qual a função das entradas *preset* e *clear* nos RDs?

9.7 PRÁTICA: REGISTRADORES DE DESLOCAMENTO

a) Monte o circuito abaixo:

NOTA

Registrador de deslocamento à esquerda:

NOTA

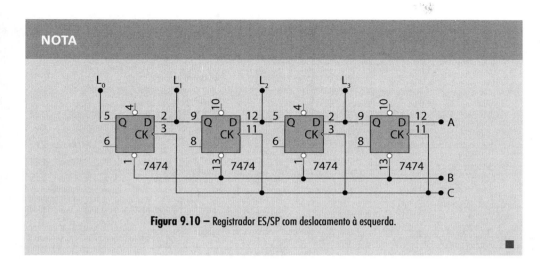

Figura 9.10 – Registrador ES/SP com deslocamento à esquerda.

b) Complete a Tabela 9.4.

Tabela 9.4 – Registrador de deslocamento à esquerda.

Clear	Entrada	Clock	Saídas
B	A	C	L_0 L_1 L_2 L_3
0	X	X	
1	1	↓	
1	1	↓	
1	1	↓	
1	1	↓	
1	0	↓	
1	0	↓	
1	0	↓	
1	0	↓	

c) Monte o circuito ilustrado na Figura 9.11, referente ao RD com deslocamento à direita.

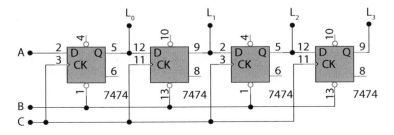

Figura 9.11 – Registrador de deslocamento ES/SP à direita.

d) Complete a Tabela 9.5.

Tabela 9.5 – Registrador de deslocamento à direita.

Clear	Entrada	Clock	Saídas			
B	A	C	L_0	L_1	L_2	L_3
0	X	X				
1	1	↓				
1	1	↓				
1	1	↓				
1	1	↓				
1	0	↓				
1	0	↓				
1	0	↓				
1	0	↓				

e) Monte o circuito abaixo de um registrador de deslocamento de entrada série e saída paralela.

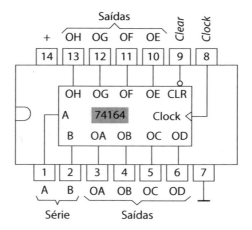

Figura 9.12 – Pinagem do 74164.

f) Complete a Tabela 9.6.

Tabela 9.6 – Funcionamento do registrador 74164.

Entradas				Saídas							
Clear	Clock	A	B	Q_A	Q_B	Q_C	Q_D	Q_E	Q_F	Q_G	Q_H
1	X	X	X								1
1	0	x	x								2
1	↑	1	1								3
1	↑	0	1								3
1	↑	1	1								3
1	↑	1	0								3
1	↑	0	0								3
1	↑	1	1								3
1	↑	0	1								3
1	↑	1	1								3
1	0	X	X								2

Observe que:

- é dado o *clear* no registrador;
- as saídas permanecem no estado anterior;
- o registrador opera normalmente, deslocando para a direita.

g) Monte o circuito do registrador de deslocamento universal com o CI 74194.

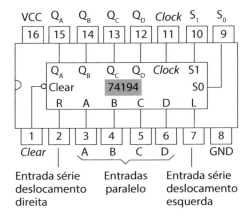

Figura 9.13 – Pinagem do 74194.

h) Complete a Tabela 9.7.

Tabela 9.7 – Funcionamento do registrador 74164.

Entradas										Saídas			
	Modo			Série		Paralelo							
Clear	S1	S2	Clock	Esq.	Dir.	A	B	C	D	Q_A	Q_B	Q_C	Q_D
0	X	X	X	X	X	X	X	X	X				1
1	X	X	0	X	X	X	X	X	X				5
1	1	1	1	X	X	1	0	0	1				2
1	1	1	1	X	X	0	1	0	0				2
1	1	1	1	X	X	0	0	1	1				2
1	1	1	1	X	X	1	0	1	0				2
1	0	1	1	X	0	X	X	X	X				3
1	0	1	1	X	1	X	X	X	X				3
1	0	1	1	X	1	X	X	X	X				3
1	0	1	1	X	1	X	X	X	X				3
0	X	X	1	X	X	X	X	X	X				1
1	1	0	1	1	X	X	X	X	X				4
1	1	0	1	0	X	X	X	X	X				4
1	1	0	1	1	X	X	X	X	X				4
1	1	0	1	1	X	X	X	X	X				4
1	0	0	X	X	X	X	X	X	X				5

NOTA

Observe que:

- a entrada *clear* é pulsada antes dos testes;

- com as entradas Modo (S_1 e S_0) em "1", o CI atua como REGISTRADOR DE DESLOCAMENTO COM ENTRADAS PARALELAS;

- com as entradas Modo, S_1 em "0" e S_0 em "1", o CI atua como REGISTRADOR DE DESLOCAMENTO À DIREITA, transferimos os dados da entrada série à direita (pino 2);

- com as entradas Modo, S_1 em "1" e S_0 em "0", o CI atua como REGISTRADOR DE DESLOCAMENTO À ESQUERDA, transferindo os dados da entrada de série à esquerda (pino 7);

- com as entradas *mode*, S_1 e S_0 em "0", as séries permanecem no estado anterior.

Como este registrador é sensível a subida do pulso de *clock*, as mudanças nas entradas *mode* devem ser feitas com a entrada *clock* em "1".

10. MULTIPLEXADORES

10.1 INTRODUÇÃO

Em muitas aplicações, um subsistema digital, ou mesmo uma linha de transmissão, deve receber sinais de diversas fontes, tornando necessária a existência de um dispositivo de comutação que permita selecionar, em um dado instante, qualquer uma dessas fontes de sinal, como mostra a Figura 10.1.

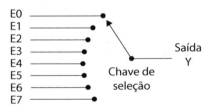

Figura 10.1 – Multiplexador.

O dispositivo mecânico ilustrado na Figura 10.1 torna-se pouco prático à medida que são exigidas maiores velocidades de comutação e maior índice de automatização do sistema. Nesse caso, passa-se a utilizar os "seletores de dados" ou multiplex, como mostra a Figura 10.2.

Por meio da combinação lógica aplicada às entradas de seleção (B e A), seleciona-se a entrada de dados que estará conectada à saída Y.

Assim, quando B = A = 0, a entrada E_0 será a única habilitada para transferir à saída os dados que recebe. Analogamente, E_1 será selecionado quando B = 0 e A = 1; E_2 quando B = 1 e A = 0; e E_3 quando A = B = 1.

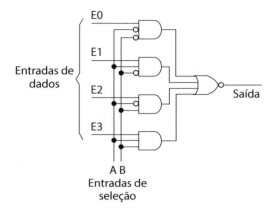

Figura 10.2 – Multiplexador com entradas de seleção.

10.2 APLICAÇÕES DE MULTIPLEXADORES

Existem três aplicações principais para o multiplexadores:

- Comutação aleatória das entradas.
- Serialização de sinais digitais.
- Geração de funções booleanas.

A comutação aleatória das entradas é utilizada quando se tem, por exemplo, vários sensores e um único indicador. Nesse caso, a cada sensor é associado um código binário. Quanto às entradas de seleção, é aplicado um código, e o indicador apresenta a leitura correspondente àquele ponto selecionado. A serialização de sinais (multiplexação) é obtida por meio da seleção sequencial das entradas do multiplex. A "varredura" sequencial das entradas é realizada com o emprego de um contador acoplado aos terminais de seleção, como mostra a Figura 10.3.

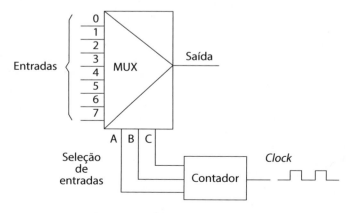

Figura 10.3 – Circuito para serialização utilizando multiplex.

No circuito ilustrado na Figura 10.3, a saída do contador variará de 000 até 111, intercalando ao longo do tempo as informações aplicadas, respectivamente, às entradas E_0, E_1... E_7. Com isso, pode-se transmitir oito sinais diferentes por meio de uma única linha de transmissão. A velocidade de varredura pode ser suficientemente alta para simular uma transmissão simultânea. Para se recuperar cada um dos sinais na sua forma original, torna-se necessário o emprego de um demultiplex operando em sincronismo com o multiplex. Uma outra aplicação do multiplex é a geração de funções booleanas. Nesse caso, o multiplex passa a ser denominado "bloco funcional universal". Como bloco funcional universal, o multiplex facilita muito a implementação de funções lógicas, eliminando a necessidade de se realizar as trabalhosas simplificações e minimizações de circuitos. Com um multiplex integrado de oito entradas, por exemplo, pode-se implementar qualquer expressão booleana de três variáveis ($2^3 = 8$). Suponha-se que se deseja implementar a função expressa pela tabela-verdade ilustrada na Tabela 10.1

Tabela 10.1 – Exemplo de função Booleana a ser implementada.

A	B	C	Y
0	0	0	0
0	0	1	1
0	1	0	0
0	1	1	0
1	0	0	1
1	0	1	1
1	1	0	0
1	1	1	1

Para se obter a expressão booleana correspondente, escreve-se na forma de soma dos produtos canônicos das linhas em que Y = 1, ou seja:

$$Y = \overline{A}\overline{B}C + A\overline{B}\overline{C} + A\overline{B}C + ABC$$

Para implementar essa expressão booleana por meio de um multiplex, basta colocar em + V_{CC} as entradas correspondentes às linhas 1, 4, 5 e 7, aterrando-se as entradas 0, 2, 3 e 6 mostradas na Figura 10.4. Assim, quando as variáveis A, B e C assumirem a combinação A B C, pelo que se observa na 1ª linha da tabela-verdade, a saída deverá ser "0". De fato, ao colocar "000" nas entradas de endereço ABC, estará sendo selecionada a entrada E_0 do multiplex, a qual está conectada ao nível 0. A Figura 10.4 ilustra as ligações dos pinos de entrada do multiplex para executar a tabela-verdade 10.1.

Da mesma forma, a cada combinação lógica das variáveis A, B e C está associada uma entrada do multiplex conectada a nível 0 ou 1, seguindo fielmente a tabela-verdade.

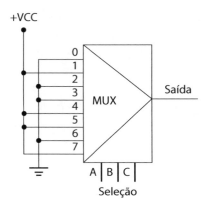

Figura 10.4 – Circuito para implementar funções booleanas utilizando o multiplex.

10.3 TIPOS DE MULTIPLEXADORES INTEGRADOS

Os tipos mais comuns de CI multiplex são de 8 para 1 linha, 16 para 1 linha e o duplo 4 para 1 linha. Este último sendo equivalente a uma chave de 2 polos x 4 posições.

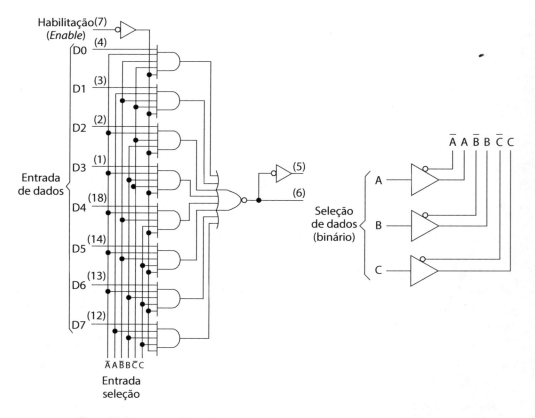

Figura 10.5 – Diagrama funcional do CI 74151/multiplex 8 entradas com terminal de habilitação.

Na Figura 10.5 é mostrado o diagrama funcional de CI 74151, um multiplex de 8 para 1 linha com terminal habilitador. O Pino 5 apresenta o sinal de saída na forma original e o pino 6 apresenta seu complemento. As entradas seletoras são também denominados "endereços". Pode-se obter a expansão de um subsistema multiplex com a associação de dois ou mais blocos funcionais.

10.4 DEMULTIPLEXADORES

O demultiplexador realiza a operação inversa à do multiplex. O demultiplexador, na realidade, é um circuito combinacional cuja função é a de redistribuir em diversas linhas os sinais digitais multiplexados. Em geral, um demultiplexador possui as entradas de endereço, uma entrada de dados (sinais), um terminal habilitador e as saídas. Em um sistema de transmissão intercalado de sinais digitais, o demultiplexador realiza a conversão série/paralelo, como mostra a Figura 10.6.

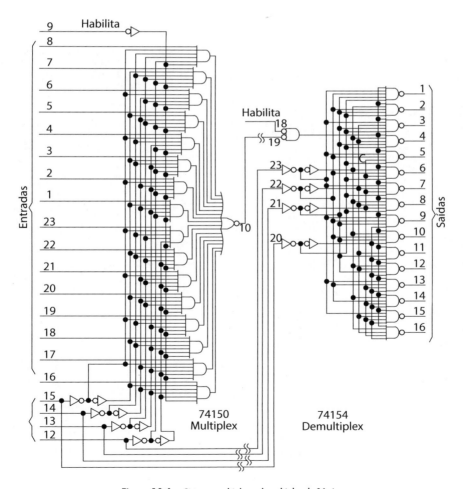

Figura 10.6 – Sistema multiplex e demultiplex de 16 vias.

O multiplexador e o demultiplexador, embora sejam circuitos combinacionais, são muitas vezes utilizados em conjunto com circuitos sequenciais, tais como: contadores e registradores de deslocamento.

10.5 RESUMO

- O multiplex realiza a comutação sequencial das entradas. Nesse caso, é possível ler vários sensores e exibir os valores medidos sequencialmente em um único *display*.
- As entradas de seleção têm a função de selecionar a entrada que será, em um dado momento, conectada à saída do multiplex.
- Os multiplexadores são utilizados, basicamente em três aplicações: comutação aleatória das entradas, serialização de sinais digitais e geração de funções booleanas.
- O demultiplex realiza a operação inversa à do multiplex. O demultiplex, que na realidade é um decodificador, é um circuito combinacional cuja função é redistribuir em diversas linhas o sinal digital multiplexado.

EXERCÍCIOS DE FIXAÇÃO

1) O que é multiplexação?
2) Quais as aplicações do multiplex?
3) Qual a função das entradas de seleção no multiplex?
4) Qual a função do demultiplex?
5) Quantas entradas tem o multiplex 74151? Quantas entradas para seleção de endereços são necessárias nesse caso?
6) Qual a função do CI 74154? Para que é utilizado o pino 18 no CI 74154?
7) Qual a equação booleana gerada pelo circuito a seguir?

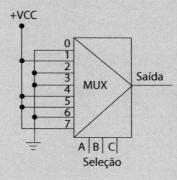

10.6 PRÁTICA: CIRCUITOS MULTIPLEXADORES

a) Monte o circuito abaixo:

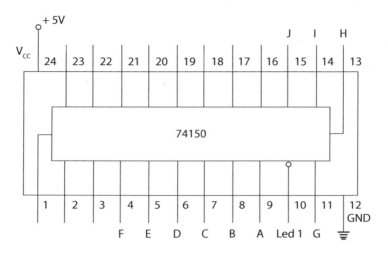

Figura 10.7 – Circuito com o CI multiplex 74150.

b) Complete a parte 1 da tabela.

Tabela 10.2 – Funcionamento do multiplexador 74150 – parte 1.

Entradas									Saída
Seleção				Dados				Strobe	
G	H	I	J	B E_0	C E_1	D E_2	E E_3	F E_4	A	L_1
X	X	X	X	X	X	X	X	X	1	
0	0	0	0	0	X	X	X	X	0	
0	0	0	0	1	X	X	X	X	0	
0	0	0	1	X	0	X	X	X	0	
0	0	0	1	X	1	X	X	X	0	
0	0	1	0	X	X	0	X	X	0	
0	0	1	0	X	X	1	X	X	0	
0	0	1	1	X	X	X	0	X	0	
0	0	1	1	X	X	X	1	X	0	
0	1	0	0	X	X	X	X	0	0	
0	1	0	0	X	X	X	X	1	0	

c) Passe as chaves B, C, D, E e F às entradas E_5, E_6, E_7, E_8, e E_9, respectivamente.
d) Complete a parte 2 da tabela.

Tabela 10.3 – Funcionamento do multiplexador 74150 – parte 2.

Seleção				Entradas					Strobe	Saída
				Dados						
G	H	I	J	B E_5	C E_6	D E_7	E E_8	F E_9	A	L_1
0	1	0	1	0	X	X	X	X	0	
0	1	0	1	1	X	X	X	X	0	
0	1	1	0	X	0	X	X	X	0	
0	1	1	0	X	1	X	X	X	0	
0	1	1	1	X	X	0	X	X	0	
0	1	1	1	X	X	1	X	X	0	
1	0	0	0	X	X	X	0	X	0	
1	0	0	0	X	X	X	1	X	0	
1	0	0	1	X	X	X	X	0	0	
1	0	0	1	X	X	X	X	1	0	

e) Passe as chaves B, C, D, E e F às entradas E_{10}, E_{11}, E_{12}, E_{13}, E_{14}, respectivamente.
f) Complete a parte 3 da tabela.

Tabela 10.4 – Funcionamento do multiplexador 74150 – parte 3.

Seleção				Entradas					Strobe	Saída
				Dados						
G	H	I	J	B E_{10}	C E_{11}	D E_{12}	E E_{13}	F E_{14}	A	L_1
1	0	1	0	0	X	X	X	X	0	
1	0	1	0	1	X	X	X	X	0	
1	0	1	1	X	0	X	X	X	0	
1	0	1	1	X	1	X	X	X	0	
1	1	0	0	X	X	0	X	X	0	
1	1	0	0	X	X	1	X	X	0	
1	1	0	1	X	X	X	0	X	0	
1	1	0	1	X	X	X	1	X	0	
1	1	1	0	X	X	X	X	0	0	
1	1	1	0	X	X	X	X	1	0	

g) Passe a chave B à entrada E_{15}.
h) Complete a parte 4 da tabela.

Multiplexadores 143

Tabela 10.5 – Funcionamento do multiplexador 74150 – parte 4.

Seleção				Entradas Dados				Strobe	Saída
G	H	I	J	B E_{15}	C -	D -	E -	F -	A	L_1
1	1	1	1	0	X	X	X	X	X	0
1	1	1	1	1	X	X	X	X	X	0

NOTA

Observe, na Tabela 10.2, que com o *Strobe* em nível lógico 1 a saída L_1 é 1, independendo das entradas de seleção ou dados.

- É selecionada a entrada E_0.
- É selecionada a entrada E_1.
- É selecionada a entrada E_2.

i) Geração de funções booleanas com multiplex:

1) Complete as ligações do multiplexador 74150, de forma a obter a seguinte expressão booleana:

$$Y = \overline{A}\overline{B}\overline{C}\overline{D} + \overline{A}BC\overline{D} + \overline{A}B\overline{C}D + \overline{A}\overline{B}C\overline{D} + A\overline{B}CD + AB\overline{C}\overline{D} + ABCD$$

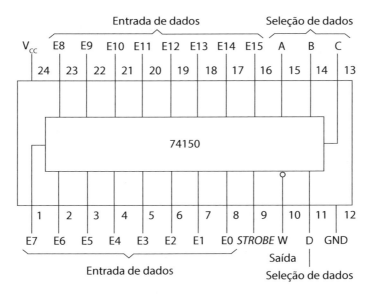

Figura 10.8 – Pinagem do CI 74150.

2) Complete a tabela e verifique se a expressão booleana que se obtém dessa tabela é a pedida no item anterior.

Tabela 10.6 – Função booleana gerada com multiplexador 74150.

\multicolumn{4}{c	}{Entradas}	Saída
D	C	B	A	L_o
0	0	0	0	
0	0	0	1	
0	0	1	0	
0	0	1	1	
0	1	0	0	
0	1	0	1	
0	1	1	0	
0	1	1	1	
1	0	0	0	
1	0	0	1	
1	0	1	0	
1	0	1	1	
1	1	0	0	
1	1	0	1	
1	1	1	0	
1	1	1	1	

11. CONVERSORES A/D E D/A

11.1 INTRODUÇÃO

Na natureza, os fenômenos normalmente são analógicos. Observe que, na natureza, as grandezas: temperatura, luminosidade e pressão atmosférica, por exemplo, variam de modo contínuo. Por outro lado, os computadores são máquinas digitais. Dessa forma, para que equipamentos digitais se comuniquem com o mundo real, é necessário converter essas grandezas. A conversão A/D (analógico/digital) é o processo no qual um sinal analógico (mundo contínuo) é transformado para um sinal discreto no tempo. A amplitude do sinal amostrado é quantizada em 2^n níveis possíveis, onde n é o número de bits usados para representar uma amostra no conversor A/D (ADC). Os conversores A/D são utilizados na entrada das máquinas digitais para converter os dados analógicos do mundo real para dados que a máquina possa compreender.

O processo inverso pode ocorrer na saída dos circuitos digitais, ou seja, é necessário converter uma grandeza digital para analógica quando se deseja acionar, por meio do computador, dispositivos eletromecânicos analógicos, tais como válvulas proporcionais, motores elétricos, lâmpadas, LEDs, alto-falantes.

11.2 DIGITAL/ANALÓGICO

O conversor digital/analógico (D/A) converte o sinal digital para a forma analógica. A Figura 11.1 apresenta o tipo mais simples de conversor D/A.

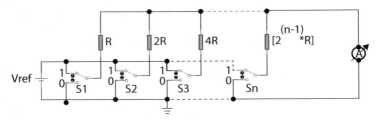

Figura 11.1 – Diagrama de análise do conversor D/A.

Consideremos cada chave como sendo 1 bit. Então, as duas posições de uma determinada chave representam os dois estados possíveis do bit correspondente. Como exemplo, vamos supor um conversor de 4 bits (R, 2R, 4R, 8R), também chamado somador. Quando todas as chaves estiverem na posição 0, não teremos corrente circulando pelo circuito. Consequentemente, o amperímetro não acusará passagem de corrente. Considere que a chave S4 foi fechada. Note que, nesse caso, n=4 (valor posicional). Dessa forma, teremos o número $0001_{(2)}$ e a corrente que circulará pelo circuito será:

$$I = \frac{V_{REF}}{8R} = \frac{5}{8*10K} = 0,0625 mA$$

O resultado é apresentado na Figura 11.2.

Figura 11.2 – Resultado da conversão D/A.

Como sabemos, para 4 bits temos dezesseis combinações possíveis. Observe agora as correntes no gráfico da Figura 11.3, para as seguintes combinações das chaves: 0010, 0100, 0110, 1000, 1010, 1100, 1110, 1111.

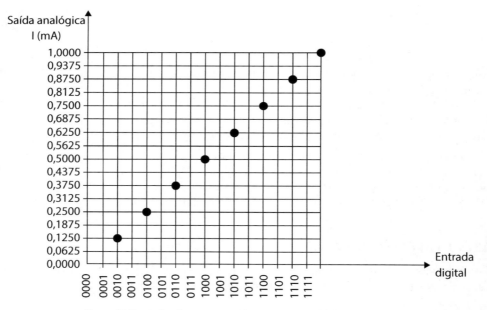

Figura 11.3 – Gráfico de corrente para algumas combinações a partir das chaves.

Pelos seus cálculos, você deve ter concluído que cada chave na posição 1 contribui com uma parcela de corrente, que é indicada pelo amperímetro. Assim, se S1 está na posição 1 e as demais na posição 0, tem-se:

$$I = 1.\frac{V_{REF}}{R} + 0.\frac{V_{REF}}{2R} + 0.\frac{V_{REF}}{R} 0.\frac{V_{REF}}{R}.$$

Generalizando, a corrente indicada pelo amperímetro será:

$$I = a_1 \cdot \frac{V_{REF}}{2^0 R} + a_2 \cdot \frac{V_{REF}}{2^1 R} + a_3 \cdot \frac{V_{REF}}{2^2 R} + \ldots + a_n \cdot \frac{V_{REF}}{2^{n-1} R}$$

onde os coeficientes $a_1, a_2, \ldots, a_n$ podem ser 0 ou 1.

Observe que o fator $[V_{REF}/(2^{n-1} \cdot R)]$ fornece a menor contribuição para a corrente total. Portanto, a chave S_n corresponde ao LSB da informação digital que está sendo transformada em analógica. Por sua vez, a chave S_1 corresponde ao MSB. Se desejarmos que a saída analógica do conversor seja em nível de tensão, podemos utilizar o circuito ilustrado na Figura 11.4.

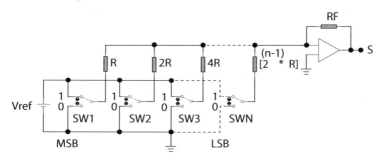

Figura 11.4 — Conversor D/A acoplado a um amplificador operacional.

Quando um resistor é ligado à fonte de referência, uma corrente circula por ele e a saída do operacional assume um nível de tensão analógica que corresponde ao bit ativo.

O conversor D/A apresentado caracteriza-se por apresentar resistores com os valores distribuídos na forma R, 2R, 4R ..., 2^{n-1} x R. Como a cada resistor é atribuído um peso 2^n, de acordo com sua posição, esse tipo de conversor é conhecido como **conversor rede proporcional**. Os problemas associados a este conversor são:

- conversores com muitos bits exigem valores elevados de R;
- correntes reduzidas para os LSB ficam mais sujeitas ao ruído;
- necessidade de precisão nos valores dos resistores.

Como esse conversor exige uma seleção de resistores com uma faixa de tolerância estreita para assegurar uma mínima introdução de erro, esse circuito torna-se pouco prático. Para contornar esse problema, utiliza-se o circuito mostrado na Figura 11.5.

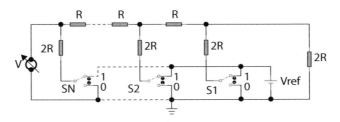

Figura 11.5 — Conversor D/A tipo R-2R.

Esse conversor é conhecido como conversor D/A R-2R, também chamado tipo escada. A chave S_1 corresponde ao bit LSB e a chave S_n ao MSB. A tensão de saída (Vs) é medida pelo voltímetro V. O cálculo das tensões para as várias condições possíveis é muito trabalhoso. Como exemplo, vamos fazer o cálculo da tensão de saída para a condição 0100 (somente a chave S_3 na posição 1).

Redesenhando o circuito, temos:

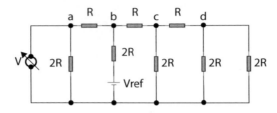

Figura 11.6 – Circuito R-2R.

Os circuitos equivalentes ao circuito acima são:

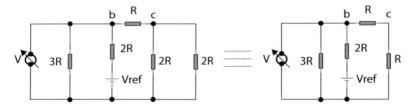

Figura 11.7 – Simplificação do circuito R-2R.

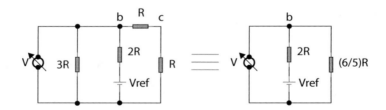

Figura 11.8 – Equivalente do circuito R-2R.

A corrente total que circula pelo circuito é:

$$I = \frac{5 \cdot Vref}{16R}.$$

A tensão no ponto b será:

$$V_b = Vref - \frac{5 \cdot Vref}{16R} \cdot 2R = \frac{3Vref}{8}.$$

A corrente que circula na parte à esquerda de b será:

$$I = \frac{\frac{3V\,ref}{8}}{3R} = \frac{V\,ref}{8R}.$$

A tensão no ponto a (tensão entre o **ponto a** e terra), ou seja, a tensão medida pelo voltímetro, será:

$$V_S = \frac{V\,ref}{8R}.2R = \frac{V\,ref}{4}.$$

Para a condição	V_s
S_4 fechada (1000)	V/2
S_2 fechada (0010)	V/8
S_1 fechada (0001)	V/16

A expressão geral da tensão de saída é:

$$V_s = a_1.\frac{V}{2} + a_2.\frac{V}{4} + a_3.\frac{V}{8} + a_4.\frac{V}{16} + ... + a_n.\frac{V}{2^n}.$$

11.3 PARÂMETROS DE CONVERSORES D/A

Já existem disponíveis conversores D/A sob a forma de circuitos integrados. A escolha de um determinado tipo entre os vários existentes é feita com base nas características de cada um. As principais características de um conversor D/A são:

- Resolução (Δ).
- Valor de fundo de escala.

A resolução de um conversor D/A está relacionada com o número de bits do conversor.

NOTA

Quanto maior for o número de bits de entrada de um conversor D/A, melhor será sua resolução.

A Figura 11.9 ilustra a resolução de um conversor D/A.

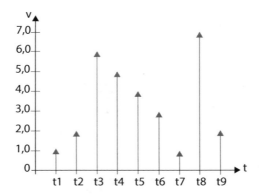

Figura 11.9 – Resolução de um conversor D/A.

Como você pode perceber, temos uma resolução de 3 bits. Dessa forma, são possíveis oito níveis distintos na tensão analógica (0-7), que podem variar com o tempo. Neste caso, a tensão de saída varia escalonadamente de 1 V em 1 V. Portanto, a figura retrata a saída de um conversor D/A de 3 bits. Nela são representados apenas os instantes de tempo nos quais a saída varia. Se você tentar ligar as setas verticais de modo a formar uma curva, encontrará dificuldade em saber como ela se comporta entre dois instantes de tempo consecutivos. Assim, a curva que você desenhar pode estar incorreta, ou seja, a curva pode não corresponder realmente aos dados digitais que entraram no conversor durante o intervalo de tempo em questão. Dizemos, então, que a curva possui baixa precisão, e isso é causado pela baixa precisão do conversor D/A. Observe a Figura 11.10. Novamente, só representamos os instantes de tempo nos quais houve mudança na saída analógica.

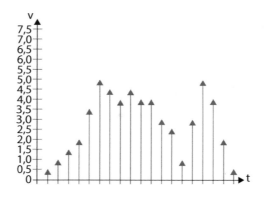

Figura 11.10 – Resolução de um conversor D/A de 4 bits.

Na Figura 11.10, existem dezesseis diferentes níveis na tensão analógica de saída. Portanto, ela corresponde a um conversor D/A de 4 bits.

Se você tentar ligar as extremidades das setas verticais, encontrará mais facilidade, pois existem mais pontos nos quais você pode se basear no traçado da curva. A curva obtida nessa figura tem uma precisão maior que a da figura anterior. Portanto, um conversor D/A de 4 bits tem uma precisão maior que um de 3 bits.

Exemplo: Determine a resolução (Δ) de um conversor D/A com tensão de saída máxima de 6V e 4 bits na entrada.

Com 4 bits, podemos ter dezesseis diferentes níveis.

$$\Delta = \frac{V_0}{\text{combinações}} = \frac{6V}{16} = 0,375 \text{ V}.$$

Essa resolução pode ser melhorada utilizando-se maior número de bits de entrada.

Fundo de escala

O valor de fundo de escala de um conversor D/A é o máximo valor de saída analógica que o conversor pode fornecer. Seja, por exemplo, um conversor D/A de tipo R-2R de 4 bits. A expressão que nos fornece o valor da saída analógica é:

$$I = a_1 \cdot \frac{V_{REF}}{2^1 R} + a_2 \cdot \frac{V_{REF}}{2^2 R} + a_3 \cdot \frac{V_{REF}}{2^3 R} + a_4 \cdot \frac{V_{REF}}{2^4 R}.$$

Supondo $V_{REF} = 16V$ e $R = 100\Omega$, a máxima corrente de saída ocorrerá quando $a_1 = a_2 = a_3 = a_4 = 1$ e será igual a:

$$I = 1 \cdot \frac{16}{200} + 1 \cdot \frac{16}{400} + 1 \cdot \frac{16}{800} + 1 \cdot \frac{16}{1600}.$$

Portanto, o fundo de escala desse conversor é de 0,15A.

11.4 CONVERSOR ANALÓGICO/DIGITAL

Conversores A/D são circuitos que convertem sinais analógicos em sinais digitais. Uma das formas mais simples de se converter dados analógicos em digitais é aquele que utiliza conversores A/D. São os chamados *feedback converters*, ou conversores por realimentação. Dentro dessa classe de conversores, os principais são:

- Conversor A/D de contagem ascendente.
- Conversor A/D de rastreamento.

11.4.1 CONVERSOR A/D DE CONTAGEM ASCENDENTE

A Figura 11.11 mostra o diagrama em bloco do conversor A/D de contagem ascendente.

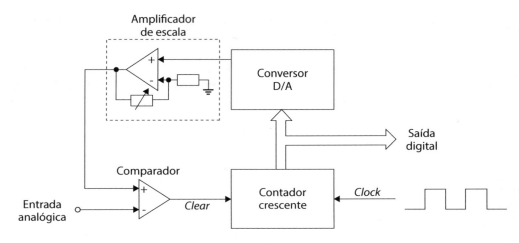

Figura 11.11 – Multímetro digital utilizando conversor A/D de contagem ascendente.

O amplificador de escala fornece a variação da saída analógica do conversor D/A. Ajustando o resistor variável, o aumento (ou altura) dos degraus da forma de onda pode ser variado.

Para iniciar o processo, suponhamos que o contador foi *resetado*. A sequência descrita a seguir esclarece o funcionamento em blocos desse conversor:

a) Após ser *resetado*, o contador inicia sua contagem ascendente, em uma frequência igual à do sinal de *clock*.

b) As saídas desse contador servem como entrada digital para um conversor D/A. A saída analógica vai crescendo à medida que a contagem vai aumentando.

c) A saída do conversor D/A é comparada com a entrada analógica no comparador. O comparador é um dispositivo que fornece nível lógico 0 quando a tensão presente na entrada (+) é menor ou igual à tensão presente na entrada (−). Quando o inverso ocorre, ou seja, o nível de tensão da entrada (+) é maior que a da entrada (−), a saída do comparador assume nível lógico 1.

d) Enquanto a entrada analógica é maior que a saída do conversor D/A, a saída em nível lógico 0 permite a contagem ascendente. No momento em que a entrada analógica se torna menor que a saída do conversor D/A, a saída do comparador assume nível lógico 1 e inibe a contagem. Nesse momento, a saída digital do contador é equivalente à entrada analógica, e o ciclo de conversão está terminado.

Caso a entrada analógica varie com o tempo, o conversor A/D executa vários ciclos de conversão, de tal modo que a saída digital acompanhe a variação do sinal analógico de entrada.

Se, por exemplo, uma dada entrada analógica estiver em um nível pouco acima da precedente, bastaria que o contador fosse incrementado a partir do ponto onde havia parado, sem ter que retornar a zero.

Conversores A/D e D/A

> **NOTA**
>
> A principal desvantagem do conversor A/D por contagem ascendente é que, para cada ciclo de conversão, o contador é *resetado* e sua contagem inicia, portanto, do zero. Isso ocasiona uma baixa velocidade de conversão.

Por outro lado, o mesmo acontece se o novo nível estivesse um pouco abaixo do anterior, sendo que, nesse caso, o contador seria decrementado.

Essa característica do não retorno a zero entre ciclos sucessivos de conversão é apresentada pelo chamado conversor A/D por rastreamento.

11.4.2 CONVERSOR A/D POR RASTREAMENTO

A Figura 11.12 mostra o diagrama em blocos de um conversor A/D por rastreamento. Observando-a, você nota que a única diferença para o conversor A/D de contagem ascendente é que agora temos um contador crescente/decrescente.

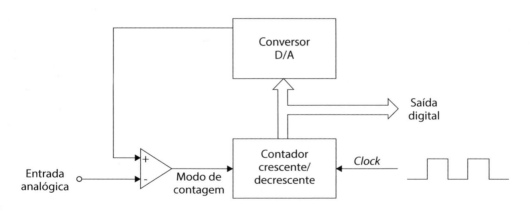

Figura 11.12 – Conversor A/D por rastreamento.

Para iniciar o processo, suponhamos que o contador foi *resetado*. Enquanto a tensão na entrada (+) é menor que a na entrada (−), o contador é incrementado a cada pulso de *clock*. No momento em que a tensão na entrada (+) é maior que a na entrada (−), o modo de contagem do contador é revertido, de tal modo que ele é decrementado a cada pulso de *clock*. Eventualmente, a saída do conversor D/A se tornará novamente menor que a entrada analógica, e o contador passará a contar crescentemente. Desse modo, a saída digital do conversor fica oscilando entre dois valores, o que pode resultar em uma perda de precisão.

11.5 PARÂMETROS DE UM CONVERSOR A/D

Para um conversor A/D, as principais características são a resolução e o erro de quantização.

- **Resolução:** a resolução é função do número de bits da saída. Seu cálculo é o mesmo do conversor D/A.

- **Erro de quantização:** é a diferença entre o valor analógico e o valor digital para o qual este valor analógico foi convertido. Na conversão de um valor analógico para digital pode-se perder em precisão devido à resolução, isto é, erro de quantização.

- **Ruído de quantização:** o processo de conversão e quantização pode inserir ruído indesejado. O ruído indesejado, se necessário, pode ser atenuado por meio de filtros digitais.

A quantização de um sinal analógico é o processo de aproximação desse sinal por níveis discretos e valores inteiros. Assim, todos os valores de tensão, por exemplo, são convertidos para números inteiros (0 – 2^n-1), onde n corresponde ao número de bits do conversor. Dessa forma, se o conversor A/D for de 8 bits, todo valor analógico será convertido para um número inteiro dentro do intervalo [0 - 2^8- 1], ou seja, no intervalo [0 – 255].

Veja a Figura 11.13. Ela ajuda a esclarecer o que vem a ser o processo de quantificação.

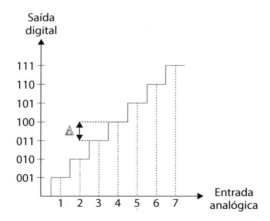

Figura 11.13 – Processo de quantificação de um conversor A/D.

A figura anterior representa a relação entre a entrada e saída para um conversor A/D de 3 bits. Para entradas inteiras como 1, 3 ou 5 volts, as saídas digitais são precisas, correspondendo com exatidão às entradas. Consideramos agora entradas não inteiras, como 1.5, 3.2 ou 6.8 volts. Nesses casos, as saídas não correspondem precisamente às entradas, pois a saída só pode assumir valores discretos e bem definidos.

Devido a esse fato, note que:

- para uma entrada de 1.5V, a saída será 001, que corresponde, na realidade, a uma entrada de 1.0V. Dessa forma, o erro de quantização é 0,5V;
- para uma entrada de 3.2V, a saída será 011, que corresponde, na realidade, a uma entrada de 3.0V. Dessa forma, o erro de quantização é 0,2V;
- para uma entrada de 6.8V, a saída será 111, que corresponde, na realidade, a uma entrada de 7.0V. Dessa forma, o erro de quantização é -0,2V.

Em todos esses casos, e em outros semelhantes que possam acontecer, haverá um erro na saída digital. É o chamado "erro de quantificação". Esse erro é devido à aproximação da entrada pelos valores discretos existentes.

> **NOTA**
>
> Observe que, para uma entrada não inteira, entre 4.0 e 5.0, por exemplo, a saída será aproximada para 100 ou 101.

Se a entrada for menor que 4.5V, a saída será aproximada para 100. Se maior que 4.5V, será aproximada para 101. E quando a entrada for 4.5V? Agora tanto faz aproximar para cima ou para baixo, a escolha fica a critério do projetista, de modo a atender aos requisitos do seu projeto.

Como vimos anteriormente, o erro de quantização máximo será dado por $\Delta/2$, onde Δ é a diferença entre dois degraus consecutivos do conversor A/D.

Em função da quantização, surgiram ruídos no sinal amostrado. O ruído inserido é inversamente proporcional ao número de bits do conversor. Para reduzir o ruído, recomenda-se condicionar o sinal de entrada para excursionar até a amplitude máxima do conversor A/D. Além disso, o ruído pode ser atenuado com o uso de filtros. Alguns conversores comerciais já possuem filtros incorporados a sua arquitetura. É importante ressaltar que o ruído de quantização é apenas uma das fontes de ruídos que são transferidos para o sinal. A relação sinal ruído é definida em dB (decibéis).

11.6 RESUMO

- O conversor digital/analógico (D/A) converte o sinal digital para a forma analógica. O conversor D/A de 4 bits (R, 2R, 4R, 8R) tem o mesmo princípio de funcionamento de um somador. Quando todas as entradas estiverem na posição 1, cujo valor binário corresponde a 1111_2, teremos na saída o valor máximo.

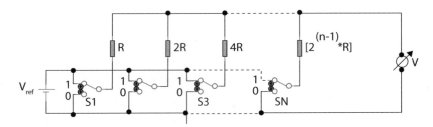

- Se somente a chave S1 estiver fechada, ou seja, tivermos o número binário 0001, a corrente que circulará pelo circuito será:

$$I = \frac{V_{REF}}{8R} = \frac{5}{8*10K} = 0,0625 mA.$$

- Cada chave na posição 1 contribui com uma parcela de corrente, que é indicada pelo amperímetro. Assim, se S1 está na posição 1 e as demais na posição 0, tem-se:

Digital	Analógico
0001	0,0625

$$I = 1.\frac{V_{REF}}{R} + 0.\frac{V_{REF}}{2R} + 0.\frac{V_{REF}}{R} 0.\frac{V_{REF}}{R}$$

- A generalização da corrente indicada pelo amperímetro é dada pela equação:

$$I = a_1 \cdot \frac{V_{REF}}{2^0 R} + a_2 \cdot \frac{V_{REF}}{2^1 R} + a_3 \cdot \frac{V_{REF}}{2^2 R} + ... + a_n \cdot \frac{V_{REF}}{2^{n-1} R}$$

onde os coeficientes $a_1, a_2, ..., a_n$ podem ser 0 ou 1.

- O conversor D/A R-2R caracteriza-se por apresentar resistores com os valores distribuídos na forma R, 2R, 4R, ..., 2^{n-1} x R. Assim, a cada resistor é atribuído um peso 2^n, de acordo com sua posição.

- A resolução de um conversor D/A está relacionada com o número de bits do conversor. Quanto maior for o número de bits de entrada de um conversor D/A, melhor será sua resolução.

- O fundo de escala de um conversor D/A é o máximo valor de saída analógica que o conversor pode fornecer. Seja, por exemplo, um conversor D/A de tipo R-2R de 4 bits.

- Os conversores A/D estão divididos em duas classes principais: conversor A/D de contagem ascendente e conversor A/D de rastreamento.

EXERCÍCIOS DE FIXAÇÃO

1) Determine a resolução (Δ) de um conversor D/A com tensão de saída máxima de 5V e 8 bits na entrada.

2) Considere um conversor D/A de tipo R-2R de 4 bits. Determine o valor de fundo de escala supondo:

   Vref = 24V e R = 100 Ω.

3) Qual a principal desvantagem do conversor A/D por contagem ascendente?

4) Cite dois parâmetros de um conversor D/A e descreva-os.

5) O que significa erro de quantização?

6) Calcule as correntes para as combinações: 0011, 0100, 0101, 0111 e 1001. Complete a figura a seguir para todas as combinações das chaves.

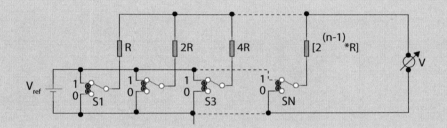

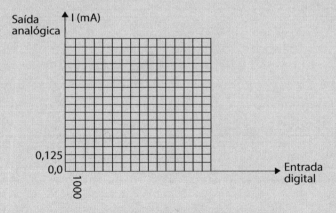

Gráfico de corrente para as dezesseis combinações das chaves

11.7 PRÁTICA: CONVERSORES D/A E A/D

1) Monte o circuito do conversor D/A, conforme ilustrado na Figura 11.14.

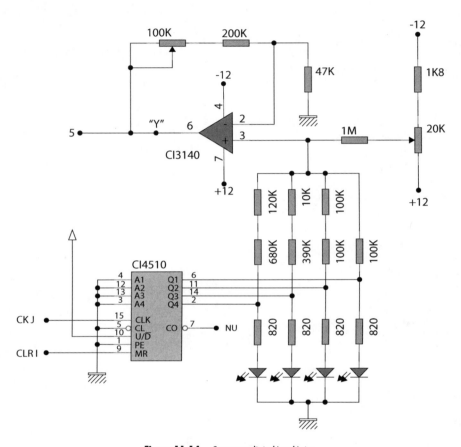

Figura 11.14 – Conversor digital/analógico.

a) Resete o contador com auxílio da chave "I".

b) Ajuste "P2" para uma tensão de 0V no ponto "Y".

c) Aplique pulsos de CK no contador até 9 binário.

d) Ajuste "P3" para que tenhamos 9V no ponto "Y".

e) Meça a tensão na saída de Q_A quando em nível "1" e anote o valor: $V_{QA} = $ _____ V.

f) Calcule as tensões na saída do operacional para cada número binário, e coloque-as na tabela do item "8".

g) Complete a tabela:

Conversores A/D e D/A 159

Entradas				Saídas		
A	B	C	D	$S_{(Real)}$	$S_{(Teórico)}$	Desvio
0	0	0	0			
0	0	0	1			
0	0	1	0			
0	0	1	1			
0	1	0	0			
0	1	0	1			
0	1	1	0			
0	1	1	1			
1	0	0	0			
1	0	0	1			
1	0	1	0			
1	0	1	1			
1	1	0	0			
1	1	0	1			
1	1	1	0			
1	1	1	1			

h) Dê a sua conclusão no espaço abaixo, a respeito do valor lido (real) em relação ao ideal (teórico).

2) Monte o circuito do conversor A/D, conforme ilustrado na Figura 11.15.

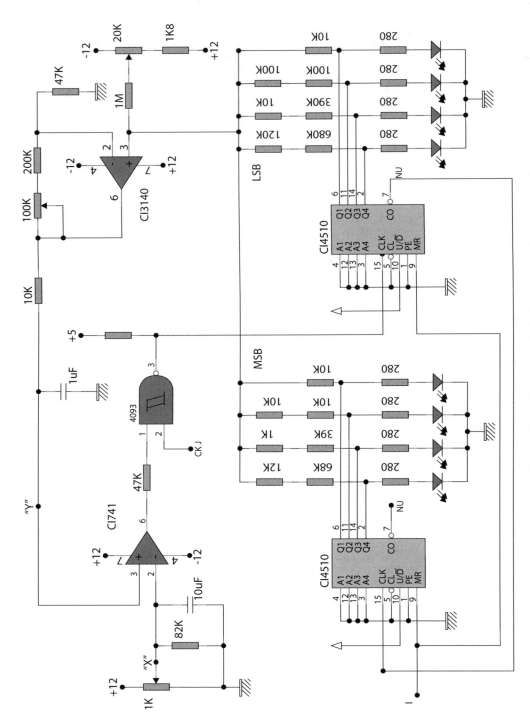

Figura 11.15 — Conversor A/D com 8 bits.

a) Resete o circuito e ajuste P2 de modo a obter 0V no ponto "Y".

b) Aplique pulsos de CK no contador até 9 binário, e ajuste 9V no ponto "Y" através de P3.

c) Resete o circuito por meio da chave "I".

d) Aplique na entrada analógica (ponto X), uma tensão de 5V.

e) Aplique pulsos de CK até que o contador pare, e compare o número binário que aparece nos LEDs com a tensão aplicada na entrada analógica.

f) Repita os itens 13 e 14 para as tensões: 4V, 5V, 6V, 8V, 3.5V, 4.5V, 7.5V.

g) Escreva suas conclusões com base na observação prática dos resultados.

12. SOLUÇÕES COMPUTACIONAIS

12.1 INTRODUÇÃO

Em 1971, o desenvolvimento e produção dos semicondutores deu um salto. Nesse ano foram fabricadas as primeiras unidades centrais de processamento (UCP) em forma de circuito integrado (CI): o 4004 da Intel e o TMS1000 da Texas Instruments.

> **NOTA**
>
> A UCP é o elemento de controle central de um computador; até então as UCPs eram construídas a partir de lógica discreta ocupando várias placas com CIs.

Logo, outros fabricantes também lançaram seus componentes e, desde então, as UCPs avançaram muito em capacidade de processamento e confiabilidade. Hoje, mesmo os atuais supercomputadores, são criados a partir de UCPs encapsuladas em um único Circuito Integrado. Neste capítulo serão introduzidos os principais conceitos de microprocessadores, soluções computacionais e suas implicações.

12.2 DEFINIÇÃO GERAL

Um sistema computacional é um sistema constituído por componentes eletrônicos digitais, capaz de realizar cálculos matemáticos. Para realizar essa ideia, foi pensada uma maneira de efetuar os cálculos matemáticos em combinações de algumas poucas operações simples de modo que, para resolver um problema específico, se pudesse decompô-lo em uma sequência de operações simples e padronizadas que uma determinada máquina fosse capaz de realizar automaticamente. Essa ideia encontrou solo fértil na eletrônica digital e cresceu até os modernos computadores.

> **NOTA**
>
> O conjunto básico e padronizado de instruções que cada máquina pode realizar é específico dessa máquina e se chama conjunto de instruções. Em inglês, é chamado *Instruction Set Architecture* (ISA).

Já uma lista dessas instruções padronizadas que tenha um determinado fim é chamada programa. Um sistema computacional é composto por três componentes genéricos: a memória, a UCP e dispositivos de entrada e saída (E/S). A memória serve para armazenar o programa (sequência de operações) e os dados. A UCP serve para garantir a execução do programa e a unidade de E/S cuida de levar e trazer informação para o meio externo. A Figura 12.1 ilustra os principais itens de um sistema computacional genérico, mostrando as principais vias de comunicação e a relação com o meio exterior.

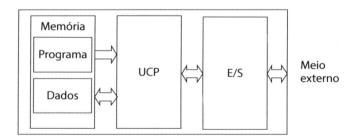

Figura 12.1 – Sistema computacional genérico.

12.3 MICROCONTROLADORES E MICROPROCESSADORES

Sistemas computacionais podem ter diversas configurações, porém as principais são construídas utilizando microcontroladores e microprocessadores.

Essa necessidade de ler e escrever em memória externa requer meios muito eficazes de movimentação de dados para dentro e para fora de seu CI; assim, um grande número de pinos é necessário para acesso rápido a grandes quantidades de memória.

Soluções computacionais 165

> **NOTA**
>
> Microprocessadores são UCPs genéricas, sendo geralmente utilizados em computadores pessoais. Um microprocessador é um CI especializado em processamento, com um conjunto de operações poderoso, e possibilidade de executar vários programas ao mesmo tempo e, portanto, trabalhar com grande extensão de dados que deverão estar armazenados externamente.

A gama de microprocessadores comerciais é muito extensa, variando muito na capacidade de processamento oferecida, constituindo a parte central da indústria de computadores em todos os níveis, desde os computadores pessoais aos supercomputadores. São referenciados na literatura como *microprocessor unit* (MPU), μP ou uP.

> **NOTA**
>
> Microcontroladores são CIs que também contêm as funções de UCP, memória, entrada e saída de dados, no entanto, possuem incorporado a sua arquitetura interna, memória (RAM e ROM) e alguns periféricos (interface serial, PWM, contadores, temporizadores etc). São utilizados para operações específicas em um processo.

Devido a isso, podem ser encontrados microcontroladores com seis pinos ou até menos em funções específicas. São muito utilizados em tarefas que requeiram um processamento especializado e autônomo, como é o caso de instrumentos e sensores para a indústria, dispositivos automobilísticos, dispositivos móveis etc. Na literatura são referidos por siglas como *microcontroller unit* (MCU), μC ou uC. Vários fabricantes mundiais têm famílias complexas de microcontroladores.

Devido à crescente aplicação dos chamados **sistemas embarcados** e aumento da complexidade das tarefas realizadas, não é raro que famílias de MCUs disponibilizem CIs com memória externa adicional ou exclusiva. Então não é o fato de a UCP apresentar memória externa que a define como MPU ou MCU.

A Figura 12.2 ilustra o aspecto geral de um microcontrolador do fabricante Microchip.

Fonte: Adaptado de Microchip, 2015.

Figura 12.2 – Aspecto geral de um microcontrolador da empresa Microchip.

12.4 CARACTERIZAÇÃO DE MCUS E MPUS

Algumas características podem diferenciar uma MCU ou MPU: arquitetura, conjunto de instruções, tamanho dos números com que suas instruções trabalham, memória acessada diretamente pela UCP, pinos disponibilizados para o exterior, número de instruções executadas por segundo e outras.

A Figura 12.3a ilustra os principais grupos de pinos do microprocessador (MPU) Z80, sendo os terminais no lado esquerdo do CI todos do controle da UCP sobre seus periféricos e memórias. Os sinais do lado direito são referentes ao barramento da memória.

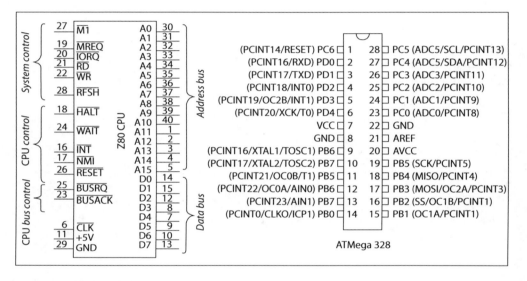

Fonte: Adaptado das folhas de dados Zilog® e Atmel®.

Figura 12.3 – Pinagem de alguns microprocessadores. (a) Z80. (b) ATMega 328.

A Figura 12.3b ilustra a pinagem do microcontrolador (MCU) ATMega 328. Praticamente não há sinais de controle, apenas o sinal de *reset*, não há barramento para memória externa, os pinos são utilizados para sinais do usuário, como: portas digitais, portas analógicas, portas de comunicação serial etc.

12.5 UTILIZAÇÃO PRÁTICA DE SOLUÇÕES COMPUTACIONAIS

O trabalho envolvido em um experimento com MCUs ou MPUs é bastante variável na dependência do objetivo esperado. Hoje se pode obter uma experiência bastante real com diversas técnicas de simulação. Por um preço acessível, pode-se obter um sistema físico completo.

Os objetivos de estudo variam de uma experiência informativa à intenção de criar e fabricar um produto novo. Para se realizar uma experiência simples, como colocar uma MCU ou MPU em funcionamento, deve-se ter o *hardware* (HW), a placa com os componentes, real ou simulada, e o programa ou *software* (SW) em forma executável.

12.6 HARDWARE

O *hardware* (HW) pode ser simulado ou real. As versões simuladas são oferecidas gratuitamente na internet. As versões físicas são obtidas comprando placas prontas ou montando-as a partir de *kits* de componentes. Os fatores tempo e custo definirão a escolha. O *software* Proteus é popular para desenvolver o HW e carregar programas compilados.

O desenvolvimento de placas para uma aplicação específica é uma opção que exige mais dedicação. Nesses casos, recomenda-se a utilização de placas de circuito impresso (PCI), pois, em geral, a proximidade dos componentes acaba gerando problemas com a frequência de operação mais elevada. Nesse caso, são necessárias boas técnicas de prototipação.

O HW comprado permite que o projetista se concentre no desenvolvimento do SW.

Alguns simuladores de MCUs especializam-se no seu processo interno, dando pouca ou nenhuma importância ao HW externo. Em sua maioria, são ambientes usados para treinamento ou de depuração de SW. Outros permitem que se simule todo o entorno com HW simulado ou imitando bem o HW real.

Simuladores, como o Proteus, permitem a edição de um circuito eletrônico incluindo MCU, como o PIC, e que se carregue o SW real do MCU, obtendo-se uma experiência bastante satisfatória.

O PICsim é um simulador gratuito, específico para PIC, hospedado no SourceForge, importante portal de *software open source*. Esse simulador possui várias versões de HW simulado nos quais se pode experimentar com a programação.

12.7 SOFTWARE

O programa é uma coleção de instruções genéricas, que o *hardware* é capaz de executar em um número muito alto por segundo. Essas instruções são interpretadas diretamente pelo HW, de modo que, se as instruções não tiverem lógica, vão levar o sistema computacional a realizar operações sem sentido e até travar. Essas instruções são lidas pelo HW em código de máquina, que são sequências binárias específicas para cada família de UCP.

A obtenção do programa, também chamado *software* (SW), pode variar bastante e chegar a oferecer muito trabalho, conhecimento e tempo. A forma mais prática de se obter SW para experimentação é contar com os exemplos do próprio fornecedor do HW ou seus parceiros especializados nessa tarefa.

O programa pode tomar várias formas desde a proposição do problema a ser resolvido por meios computacionais. É comum, na fase de pesquisa, o desenho de diagramas, como um fluxograma, para depois representá-lo em uma forma de escrita em linguagem natural. Em seguida, o programa é traduzido para uma linguagem artificial, específica para essa finalidade, chamada linguagem de alto nível, como C, C++, Fortan, Java, entre outras.

O que se chama de linguagem de alto nível é uma representação em uma forma de linguagem muito próxima do entendimento humano. Em contrapartida, linguagens de baixo nível são distantes do entendimento humano e mais próximas do código de máquina, os símbolos que a UCP entende.

Toda a gama de linguagens em que se expressa um programa é uma forma de *software*. A representação do programa também é chamada de *código*, sendo a versão de alto nível chamada de *código fonte*, independente do processador de destino e a versão traduzida para o nível da máquina, chamada de *código objeto*, totalmente comprometido com o processador-alvo.

Software pronto para o uso é o chamado SW executável (portanto, em código objeto). *Software* executável é uma lista de símbolos binários correspondentes às instruções aceitas pela UCP mais outros símbolos, para indicar as posições de memória em que as instruções deverão ser "carregadas", proteções contra erros etc. O SW executável em sua forma de arquivo não é diretamente executável, mas "carregável". Somente na forma final, carregado na memória, é que ele poderá ser executado.

Existem formas intermediárias de se escrever um programa, em linguagens de nível mais baixo. Escrever diretamente em código de máquina é uma tarefa tediosa, demorada e sujeita a muitos erros. Uma linguagem intermediária são as linguagens de montagem ou *assembly*. Estas são linguagens específicas para a UCP-alvo, porém mais inteligíveis no nível humano e capazes de evitar alguns erros e repetições. Ainda assim, a programação em *assembly* hoje é mais uma curiosidade e ferramenta de aprendizado.

As linguagens de alto nível, como C, são independentes do processador-alvo. O programa tradutor ou compilador é que será responsável por gerar o código objeto para cada processador-alvo. Já as linguagens *assembly* são específicas para o processador.

Escrever um programa em linguagem *assembly* é muito mais fácil do que em código de máquina, mas também tem uma boa dose de problemas. Um grande problema desses dois tipos de linguagem é que não há qualquer nível de abstração, como representações de padrões numéricos. As limitações do *hardware* refletem-se diretamente na linguagem usada. Programas em *assembly* não podem ser passados diretamente ao *hardware*, são escritos com símbolos do nosso alfabeto e não com códigos de máquina. Logo depois de escritos, os programas em *assembly* são passados por um montador (*assembler*) que irá gerar as instruções de máquina.

A seguir é apresentado um trecho de programa escrito para um processador da família Intel x86 utilizando linguagem *assembly*. Antes do ";" estão as instruções em *assembly* x86 compostas por um mnemônico de instrução (no caso, MOV) e dois operandos. O primeiro operando é o destino da operação, e o segundo, o dado a ser movido. Nas instruções mostradas, registradores "AL", "CL" e "DL" recebem o valor do segundo operando, que neste caso é um valor imediato, ou seja, o próprio valor do operando.

> MOV AL, 1h ; Carregar AL com valor imediato 1
>
> MOV CL, 2h ; Carregar CL com valor imediato 2
>
> MOV DL, 3h ; Carregar DL com valor imediato 3

Registradores são memórias internas à UCP responsáveis por manter um dado temporário único conforme a sequência das instruções. Após passar pelo *assembler*, neste caso do x86, as instruções são convertidas em código de máquina. Um exemplo de código de máquina correspondente às instruções anteriores é apresentado a seguir. Cada linha desse código contém um endereço relativo ao início do programa, escritos em forma hexadecimal, depois uma coluna dedicada aos códigos de máquina correspondentes às instruções montadas (*assembled*), também em forma hexadecimal, e uma coluna de comentários, que, por comodidade, lembra as instruções originais.

> 000002FE B0 01 ;MOV AL, 1h
>
> 00000300 B1 02 ;MOV CL, 1h
>
> 00000302 B2 03 ;MOV DL, 1h

A listagem apresentada no trecho de programa anterior é apenas para verificação do programador. Os valores que seriam armazenados em memória são números binários, conforme apresentado a seguir, onde cada linha apresenta uma palavra na memória de programa.

> *Posição de memória X+0: 10110000 00000001*
>
> *Posição de memória X+2: 10110001 00000010*
>
> *Posição de memória X+4: 10110010 00000011*

Uma das linguagens de alto nível mais acessíveis e poderosas é a linguagem C. Um exemplo de código em linguagem C é apresentado a seguir. Na primeira linha, um comentário (entre "/*" e "*/"), na segunda linha uma variável inteira recebe o valor 200, na terceira linha uma variável da forma "cadeia de caracteres" recebe um valor textual.

```
/* Inicialização das variáveis */
    contagem_final = 200;
    nome_do_arquivo[]= "Souvenir.txt"
```

Cabe ao compilador C traduzir os comandos nessa linguagem para a linguagem de máquina.

> **NOTA**
>
> A linguagem C é a linguagem de alto nível ideal para o processo de criação de um programa a ser executado em uma plataforma acessível e prática, baseada em uC. Existem várias dessas plataformas à disposição e muita informação disponível na internet.

Um bom exercício para iniciar o primeiro programa é experimentar programas simples, prestando atenção nos detalhes. O trabalho pode ser feito com programas individuais ou programas integrados em um ambiente de desenvolvimento, ou *Integrated Development Environment* (IDE). Os programas necessários são um editor de textos sem formatação, um compilador e um gravador para transferir seu código objeto para a placa com o uC. O uso do IDE requer, em geral, um passo inicial, que é a criação de um projeto. Isso traz a vantagem de guardar todos os arquivos envolvidos em um mesmo diretório. Outro componente importante na criação de *software* é a utilização de programas já testados utilizados como "bibliotecas". As bibliotecas podem acompanhar o IDE, podem ser propriedade de uma comunidade ou ser criadas pelo próprio programador experiente.

12.8 EXPERIÊNCIAS SIMPLES

Existem vários níveis de envolvimento na experiência com MCUs. Se se deseja um aprendizado rápido e não muito detalhado, pode-se recomendar a plataforma livre Arduino, bastante utilizada atualmente. Nessa plataforma todo o processo é bastante simplificado: o HW é disponibilizado para compra pela internet a valores atraentes e o SW está disponível em pacotes prontos gratuitamente. A desvantagem desse método é que ele não é geral e não permite o controle de todo o processo, como é desejável em aplicações comerciais. No entanto, para o aprendizado inicial é um atalho bastante eficiente. Mesmo a plataforma Arduino requer que se escolha uma entre várias placas prontas. Nesse caso, escolhas como Arduino UNO e Arduino MEGA são bastante comuns.

Na Figura 12.4 é apresentada foto da placa Arduino UNO. O CI da MCU está localizado na parte inferior – é o ATMega 328P.

O conector na parte inferior esquerda é o de alimentação, o superior é o de comunicação USB. Existem quatro conectores fêmea do tipo "barra de pinos" nas laterais da placa. Acima, dois conectores de oito pinos disponibilizam catorze pinos de E/S digital e, abaixo, um conector contém a alimentação elétrica da placa e o outro disponibiliza seis entradas analógicas.

Soluções computacionais 171

Fonte: foto do autor.

Figura 12.4 – Placa Arduino UNO.

A barra de pinos permite conectar placas periféricas, as chamadas *shields*. Várias *shields* estão disponíveis para compra na internet, como placas de *display* LCD, *Ethernet*, *Wi-Fi*, acionamento de motor etc.

A plataforma Arduino nasceu de uma iniciativa de ensino na Itália e se consolidou como tal, expandindo seu uso para todo o mundo. O *site* dos criadores, à escrita deste texto, é <http://arduino.cc/>. Lá se encontram os recursos oficiais da plataforma, incluindo uma enorme comunidade mundial de desenvolvedores. O sucesso da plataforma é tão expressivo que o HW Arduino, que já é de baixo custo, foi clonado e oferecido por vários fabricantes a preços ainda menores, como é o caso dos *made in China*.

Outra opção é utilizar uma das diversas opções de simulação dessa plataforma ou mesmo de plataforma, como é o caso da plataforma PIC da Microchip. A desvantagem é que não se tem contato com o HW real e a vantagem é que não há nada para "queimar"! Como exemplo, cita-se uma plataforma de simulação, pelo menos inicialmente sem custo monetário, oferecida pela Autodesk, criadora do AutoCAD, que na data da escrita deste encontrava-se no *site* <http://123d.circuits.io/>.

Pode-se baixar da internet, sem custo financeiro, utilizar um modelo baseado em Arduino UNO com SW e HW prontos (HW simulado). Um exemplo do site compõe-se de uma placa Arduino UNO, uma *protoboard* (placa onde se podem fixar e conectar componentes eletrônicos e fios) onde são colocados LEDs e um potenciômetro, tudo interconectado por fios.

O exemplo, denominado LED *shield*, já tem o programa preparado, com o comando de rodar (*run*) o programa. Uma vez em modo *run*, é possível visualizar os LEDs acendendo e apagando ciclicamente, com a velocidade ajustada no potenciômetro. A Figura 12.5 ilustra essa simulação com 6 LEDs utilizando a plataforma Arduino UNO. Observe que na simulação não é necessário alimentar o circuito, pois a alimentação já está contemplada no simulador. Assim, o usuário não se preocupa em ajustar e conectar uma fonte de alimentação.

Fonte: foto do autor.

Figura 12.5 – Simulação LED *shield*.

12.9 RESUMO

- A UCP é o elemento de controle central de um computador; antigamente, as UCPs eram construídas a partir de lógica discreta, ocupando várias placas com CIs.

- O conjunto básico e padronizado de instruções que cada máquina pode realizar é específico dessa máquina e se chama conjunto de instruções. Em inglês, é chamado *Instruction Set Architecture* (ISA).

- Um sistema computacional é composto por três componentes genéricos: a memória, a UCP e o E/S. A memória serve para armazenar o programa (sequência de operações simples) e os dados, a UCP serve para garantir a execução do programa e o E/S cuida de levar e trazer informação para o meio externo.

- Microcontroladores são CIs que contêm as funções de UCP, memória, entrada e saída de dados e funções especiais, como pwm, conversão A/D, por exemplo, em um único *chip*. São especializados e muito utilizados em tarefas que requeiram um processamento especializado e autônomo, como é o caso de instrumentos e sensores para a indústria. Exemplos: família PIC, família MCS 51, Atmel, Arduino.

- Microprocessadores têm alta capacidade de processamento, possuindo basicamente a CPU no *chip*. Os demais periféricos devem ser conectados externamente.

Podem executar vários programas ao mesmo tempo e, portanto, trabalhar com grande extensão de dados, que deverão estar armazenados externamente. Normalmente trabalham com sistemas operacionais. Exemplos: Z80, 8086, Pentium, I7.

- Sistemas microcontrolados podem ser programados em linguagem de baixo nível, também chamada a*ssembly*. Um grande problema desses dois tipos de linguagem é que não há qualquer nível de abstração, como representações de padrões numéricos. Programas em *assembly* não podem ser passados diretamente ao *hardware*, são escritos com símbolos do nosso alfabeto, e não com códigos de máquina. Logo depois de escritos, os programas em *assembly* são passados por um montador, chamado *assembler*, que irá gerar as instruções de máquina.

- A linguagem C é a linguagem de alto nível ideal para o processo de criação de um programa a ser executado em uma plataforma acessível e prática, baseada em uC. O programa em linguagem C deve ser compilado, gerando instruções de máquina.

EXERCÍCIOS DE FIXAÇÃO

1) O que marca a diferença entre microprocessadores e microcontroladores?
2) Barramento de endereços é um conjunto de pinos indispensável em MCUs ou MPUs?
3) É mais fácil realizar uma experiência real com MCUs ou MPUs? Por quê?
4) O que são código fonte e código objeto?
5) O que é *assembly*?
6) O que faz um *assembler*?
7) O que faz um compilador?
8) Qual dos dois tipos de linguagens é específica do processador-alvo, a de baixo ou a de alto nível?
9) O que são registradores?
10) Que processador é utilizado na placa do Arduino UNO?

13. FPGA E PROGRAMAÇÃO VHDL

13.1 INTRODUÇÃO

O FPGA (*Field - Programmable Gate Array*) é um dispositivo programável que permite a prototipação de qualquer circuito digital, desde um simples circuito combinacional até avançados circuitos sequenciais. Neste capítulo são trabalhados os conceitos deste dispositivo, bem como da linguagem de programação VHDL usada para descrever circuitos digitais. A utilização das plataformas para o estudo de sistemas digitais FPGA e VHDL permitirá a consolidação dos conhecimentos apresentados neste livro.

Os constantes avanços tecnológicos e melhorias nos processos de fabricação de circuitos integrados (ou CIs, como hoje são comumente chamados) permitem que o transistor se torne cada vez menor em seu tamanho. Assim, o número de transistores integrados em um único CI vem aumentando constantemente. Para se ter uma ideia, hoje em dia é possível integrar mais de 1 bilhão de transistores em um único circuito integrado.

Os chamados ASICs (*Aplication Specific Integrated Circuits*), ou circuitos integrados de aplicação específica, dominam a atual indústria de equipamentos eletrônicos. Como se sabe, esses circuitos, depois de fabricados, têm as suas funcionalidades "congeladas". Esse fato, no passado, motivou a idealização de um circuito integrado que reproduzisse qualquer tipo de função lógica a partir da modificação de sua estrutura interna. Surgiram então os chamados PLDs (*Programmable Logic Devices*), ou dispositivos lógicos programáveis.

13.2 DISPOSITIVOS LÓGICOS PROGRAMÁVEIS

O SPLD (*Simple Programmable Logic Device*), ou dispositivo lógico programável simples, foi o primeiro a surgir. Dispositivos como o PLA (*Programmable Logic Array*), o PAL (*Programmable Array Logic*) e o GAL (*Generic Array Logic*) são SPLDs e, basicamente, disponibilizam um arranjo de portas lógicas para a reprodução da função lógica desejada, como ilustrado na Figura 13.1. Nesses dispositivos, a programação é realizada por meio da queima de fusíveis internos.

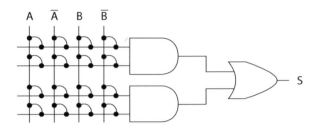

Figura 13.1 – Arranjo de portas lógicas de um SPLD.

Mais tarde veio o CPLD (*Complex Programmable Logic Device*), ou dispositivo lógico programável complexo. Esse dispositivo é basicamente um arranjo de PALs conectadas entre si por meio de uma matriz de interconexão programável, conforme se observa na Figura 13.2. O resultado desse arranjo é uma ampla rede de portas lógicas.

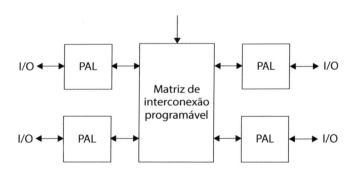

Figura 13.2 – Estrutura básica de um CPLD.

Na década de 1980 surgiu um novo tipo de PLD: o FPGA. O primeiro FPGA foi lançado comercialmente por Ross Freeman e Bernard Vonderschmitt, fundadores da Xilinx, considerada hoje a maior fabricante de FPGAs do mundo.

13.3 FPGA

FPGA, conforme ilustrado na Figura 13.3, é basicamente uma matriz de blocos lógicos programáveis que são conectados entre si para "montar" o circuito digital desejado.

Virtualmente, é possível "montar" qualquer circuito digital, desde que sejam respeitados os limites espaciais (quantidade total de blocos lógicos) e temporais (frequência máxima de operação) do FPGA utilizado.

FPGA e programação VHDL

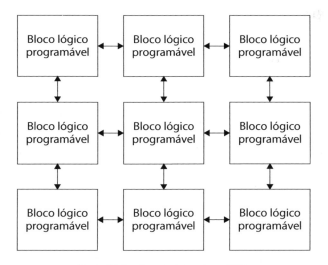

Figura 13.3 – Estrutura básica de um FPGA.

> **NOTA**
>
> FPGA (*Field-Programmable Gate Array*), em tradução livre, é uma matriz de portas programáveis em campo. Isso significa que o dispositivo pode ser reprogramado "em campo", diretamente no cliente. Essa é uma característica extremamente desejável, já que pode reduzir custos devido à diminuição do tempo de resposta para a correção de um *bug* ou substituição de uma programação obsoleta.

13.3.1 APLICAÇÕES

Até pouco tempo atrás, os FPGAs possuíam baixa disponibilidade de blocos lógicos programáveis e baixo desempenho. Deixados de lado pela indústria, eram vistos somente como uma plataforma para a prototipação de ASICs e para estudos acadêmicos. Entretanto, esse quadro mudou com o passar dos anos. Com a tecnologia se tornando cada vez mais acessível, os FPGAs ficaram maiores e mais rápidos, permitindo então a montagem de circuitos digitais mais complexos. Assim, a indústria começou a considerá-los uma opção atraente e viável, passando a empregá-los em maior número nos sistemas embarcados produzidos em pequena escala. Podemos citar como exemplos os equipamentos de telecomunicação, onde são usados na substituição dos caros *chipsets* de multiplexação de dados e de interfaces óticas. Também são aplicados amplamente na robótica, na indústria aeronáutica e em equipamentos médicos.

No setor militar o FPGA é considerado um componente estratégico. Para se ter uma ideia, a Lockheed Martin Aeronautics Co., em um contrato de 103 milhões de dólares, encomendou à Xilinx a quantidade de 83169 FPGAs para o desenvolvimento dos componentes aviônicos do F-35, caça tático multifuncional de última geração usado pelos Estados Unidos e seu aliados militares.

13.3.2 ARQUITETURA

A arquitetura interna de um FPGA pode variar bastante de acordo com o fabricante, família e modelo. Porém, existem blocos básicos que são comuns a todos os FPGAs: bloco lógico, bloco de I/O e bloco de interconexão. Na Figura 13.4 é possível observar a arquitetura simplificada de um FPGA.

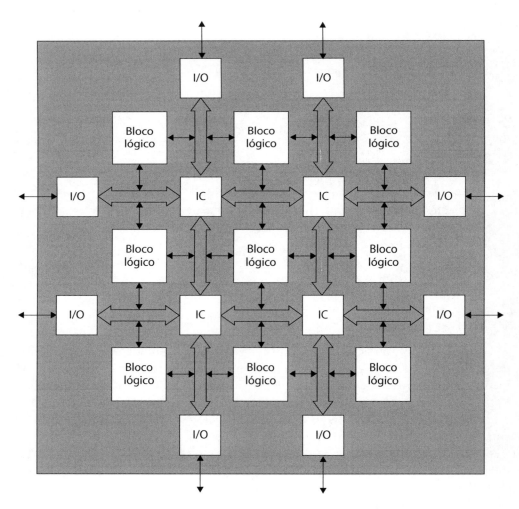

Figura 13.4 – Arquitetura simplificada de um FPGA.

> **NOTA**
>
> O bloco lógico é a principal unidade do FPGA, sendo responsável pela implementação da lógica combinacional e sequencial do circuito digital a ser "montado". Geralmente, um bloco lógico emprega memórias programáveis e registradores para construir esses dois tipos de lógica. Memórias programáveis nada mais são do que tabelas-verdade, usadas para a geração de funções lógicas booleanas do tipo soma de produtos.

O nome dado ao bloco lógico varia de acordo com o fabricante. A Xilinx, por exemplo, chama seu bloco lógico de CLB (*Configurable Logic Block*), enquanto que a Altera chama o seu de LE (*Logic Element*).

Os blocos de I/O são unidades responsáveis por conectar o circuito do usuário ao mundo externo. Esses blocos estão conectados fisicamente aos pinos físicos do FPGAs e, por isso, se localizam no entorno deste.

Os blocos de interconexão são unidades responsáveis pela conexão entre os blocos lógicos e também entre os blocos lógicos e blocos de I/O.

13.3.3 FUNCIONAMENTO

O FPGA pode ser visto como um subtrato tecnológico constituído por duas camadas: a camada do *usuário* e a camada de *controle*. A do usuário é a camada onde o usuário "monta" o seu circuito e é constituída pelos blocos lógicos, de interconexão e de I/O. A de controle é a camada que fornece suporte à "montagem" do circuito, sendo responsável pela configuração de cada um dos blocos da camada do usuário.

A camada de controle é, na maioria dos FPGAs, uma grande SRAM (*Static Random Access Memory*) cujas posições configuram cada um dos blocos da camada do usuário. A SRAM é uma memória volátil, portanto, se a alimentação do FPGA for interrompida, o conteúdo da memória se perde e o circuito do usuário acaba sendo "desmontado". Assim, sistemas que empregam FPGAs baseados em SRAM devem incluir uma infraestrutura para permitir a reconfiguração do FPGA sempre que ele for ligado. Em geral, uma memória não volátil é utilizada para armazenar o circuito do usuário e um processador é usado para controlar o processo de reconfiguração.

Para "montar" um circuito digital em um FPGA, todos os blocos da camada de usuário precisam ser configurados pela camada de controle: os blocos lógicos são configurados para gerar as funções lógicas combinacionais e sequenciais necessárias, os blocos de interconexão são configurados para estruturar os caminhos entre os blocos lógicos que compõem o circuito do usuário e, por fim, os blocos de I/O precisam ser programados para permitir a comunicação com o mundo externo. O exemplo conceitual da "montagem" de um circuito digital em FPGA é ilustrado na Figura 13.5.

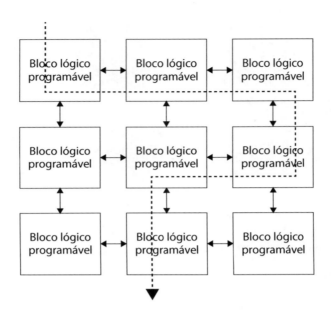

Figura 13.5 – Montagem conceitual de um circuito digital em FPGA.

13.4 LINGUAGEM DE DESCRIÇÃO DE *HARDWARE*

Para "montar" um circuito digital em FPGA, primeiro é necessário descrevê-lo em uma "linguagem de descrição de *hardware*" (HDL, *Hardware Description Language*). Uma linguagem desse tipo expressa as noções primárias de *hardware*: sua sintaxe e semântica permitem descrever o fluxo de dados e a temporização dos circuitos digitais, bem como a manipulação de fios para a conexão, construção de hierarquias e exploração da concorrência entre diversos circuitos digitais.

Existem diversas linguagens de descrição de *hardware*: VHDL, Verilog, AHDL, SDL, SystemC, Handel-C, Esterel etc. As mais empregadas no mundo, atualmente, são o VHDL e o Verilog. Neste livro será empregado o VHDL.

13.5 FERRAMENTAS DE SÍNTESE

Após a descrição do circuito digital em HDL, é necessário traduzir essa descrição em um conjunto de informações que irá configurar a camada de controle do FPGA para "montar" o circuito na camada do usuário.

Essa tradução é feita por *softwares*, geralmente disponibilizados pelo fabricante do FPGA, conhecidos como ferramentas de síntese e *Place-And-Route* (ou PAR). Basicamente, o que a ferramenta de síntese faz é converter o HDL em uma lista de portas lógicas e *flip-flops* compatível com a funcionalidade original do circuito digital. Por sua vez, a ferramenta de PAR faz o posicionamento dos elementos da lista de portas lógicas nos blocos da camada do usuário do FPGA e o roteamento das conexões entre esses blocos.

Como resultado da execução da síntese e do PAR, é obtido um arquivo binário cujo conteúdo é composto por informações que irão "montar" o circuito digital no FPGA. Esse arquivo binário é chamado de *bitstream*, e comumente se diz que este deve ser "baixado" no FPGA para "montar" o circuito.

13.6 FLUXO DE PROJETO UTILIZANDO FPGA E HDL

Basicamente, o fluxo de projeto de um circuito digital utilizando FPGA e HDL envolve as etapas de descrição do circuito, de simulações funcional e temporizada, de síntese e PAR, e de prototipação e validação. Esse fluxo é ilustrado na Figura 13.6.

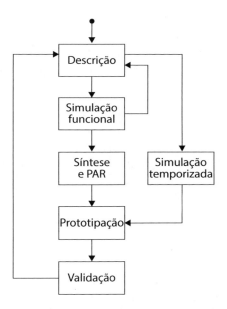

Figura 13.6 — Fluxo de projeto de circuitos digitais usando FPGA e HDL.

NOTA

A primeira das etapas é a descrição do circuito digital em HDL, que deve ser feita de acordo com a especificação do circuito. A etapa de simulação funcional verifica se a sua descrição foi feita corretamente.

A verificação pode ser efetuada submetendo-se a descrição a testes funcionais, fazendo uso de simuladores como o ISim da Xilinx, Modelsim da Mentor Graphics, ActiveHDL da Aldec e NCSim da Cadence. Teste funcional é um procedimento de testes (frequentemente chamado de *testbench*) desenvolvido para forçar a operação normal do circuito, permitindo a análise do seu funcionamento. Em geral, essa análise é feita por meio de formas de ondas (como as que são vistas nos osciloscópios e analisadores lógicos) geradas pelos simuladores.

A etapa de síntese e PAR consiste na conversão da descrição do circuito no arquivo de configuração (*bitstream*) que irá "montar" o circuito no FPGA.

Na simulação funcional de um circuito complexo, não é possível detectar 100% de seus possíveis *bugs*: acredita-se que essa porcentagem chegue perto dos 90. Isso ocorre porque nesse tipo de simulação o tempo de atraso (*delay*) dos componentes físicos que compõem o circuito no FPGA é considerado nulo, tornando a simulação imprecisa. No entanto, da etapa de síntese e PAR é possível obter o tempo de atraso de cada um dos componentes utilizados, o que permite realizar a chamada simulação temporizada, mais realista e precisa do que a simulação funcional.

A quarta etapa é a prototipação do circuito digital em FPGA, que geralmente é feita por meio de um configurador externo do tipo JTAG (*Joint Test Action Group*).

Em geral, a funcionalidade do circuito prototipado pode ser validada por meio de testes práticos exaustivos do sistema no qual o FPGA está inserido. Eventualmente um *bug* não detectado na simulação funcional ou na simulação temporizada se manifesta nesses testes práticos. Para esse caso, é possível empregar ferramentas que permitem a visualização dos componentes internos do circuito (como portas e sinais) durante o seu funcionamento no FPGA. A ferramenta disponibilizada pela Xilinx para esse fim denomina-se ChipScope e a disponibilizada pela Altera denomina-se SignalTap.

13.7 PROGRAMAÇÃO VHDL

Na década de 1980, o Departamento de Defesa dos Estados Unidos gerenciou diversos programas militares estratégicos que empregavam VHSIC (*Very High Speed Integrated Circuits*), circuitos integrados de velocidade muito alta. Esses circuitos integrados faziam parte de equipamentos de ponta, adquiridos pelo governo para uso em suas Forças Armadas. Na época, a documentação dos VHSIC se resumia a diagramas esquemáticos de difícil compreensão. Além disso, as dezenas de fornecedores envolvidos documentavam seus VHSIC de maneira muito diversa entre si, tornando a integração dos sistemas muito mais complexa do que deveria ser. O Departamento de Defesa precisou então desenvolver uma linguagem para padronizar a descrição e documentação do funcionamento dos VHSIC: a linguagem desenvolvida foi o VHDL (VHSIC *Hardware Description Language*). Em 1987, após o sucesso e consolidação do VHDL, o Departamento de Segurança resolveu torná-lo público por meio da norma 1076 no IEEE (Institute of Eletrical and Electronic Engineers). Na década de 1990, novas revisões da norma IEEE-1076 incluíram bibliotecas para o projeto de circuitos digitas nas tecnologias ASIC e FPGA, tornando o VHDL um padrão internacional, sendo hoje utilizado mundialmente.

VHDL é uma linguagem do nível de abstração de transferência entre registradores (RTL, *Register-Transfer Level*) e permite descrever circuitos digitais de forma estrutural e comportamental. Na forma estrutural são descritas as conexões entre os componentes (um porta lógica, por exemplo) que constituem o circuito. Na forma comportamental é descrito o comportamento (em geral, um algoritmo) do circuito. Essa é uma característica interessante, já que favorece o projeto descendente (*top-down design*): o circuito pode ser descrito inicialmente de uma forma abstrata e seus componentes internos, posteriormente, podem ser descritos de maneira mais detalhada.

Aliando a característica de reúso do VHDL à atual oferta de descrições de circuitos digitais (de domínio público, de código aberto ou provenientes de geradores automáticos dos fabricantes de FPGA), é possível explorar o espaço de projeto de um sistema, ou de parte dele, de uma forma bastante otimizada. Assim, os requisitos de projeto podem ser alcançados fácil e rapidamente, resultando na redução do tempo e do custo de desenvolvimento.

13.7.1 PAR ENTIDADE-ARQUITETURA

A estrutura de uma descrição VHDL é composta pelo par *entidade-arquitetura*, conforme pode ser observado a seguir:

```
entity <nome_entidade> is
    port (
            entrada   : in    std_logic;
            saida     : out   std_logic
    );
end <nome_entidade>;


architecture <arquitetura_nome_entidade> of <nome_entidade> is
begin


        <funcionalidade/comportamento>


end <arquitetura_nome_entidade>;
```

A entidade é utilizada para especificar a interface de comunicação do circuito. Basicamente, é uma lista de portas de entradas e de saídas que permite a comunicação da arquitetura com o mundo externo.

> **NOTA**
>
> A arquitetura é o espaço disponível para a implementação da funcionalidade do circuito a ser projetado.

13.7.2 CIRCUITOS COMBINACIONAIS

Portas lógicas (AND, OR e NOT)

Como se sabe, uma porta AND terá "1" em sua saída somente se todas as suas entradas forem "1". Em VHDL, pode-se descrever uma porta lógica AND como segue:

```
library ieee;
use ieee.std_logic_1164.all;

entity porta_AND is
    port (
            entrada1 : in std_logic;
            entrada2 : in std_logic;
            saida    : out std_logic
    );
end porta_AND;


architecture arquitetura_porta_AND of porta_AND is
begin
    saida <= entrada1 and entrada2;
end arquitetura_porta_AND;
```

Uma porta OR terá "0" em sua saída somente se todas as suas entradas também forem "0". Em VHDL, pode-se descrever uma porta lógica OR como segue:

```vhdl
library ieee;
use ieee.std_logic_1164.all;


entity porta_OR is
    port (
        entrada1 :  in std_logic;
        entrada2 :  in std_logic;
        saida    :  out std_logic
    );
end porta_OR;


architecture arquitetura_porta_OR of porta_OR is
begin
    saida <= entrada1 or entrada2;
end arquitetura_porta_OR;
```

A mais simples das portas é a NOT, que nada mais é do que um inversor de sinais: se a entrada for "1", a sua saída terá "0", e vice-versa. Em VHDL, pode-se descrever uma porta lógica NOT como segue:

```vhdl
library ieee;
use ieee.std_logic_1164.all;


entity porta_NOT is
    port (
        entrada :  in std_logic;
        saida   :  out std_logic
    );
end porta_NOT;


architecture arquitetura_porta_OT of porta_NOT is
begin
    saida <= not entrada;
end arquitetura_porta_OR;
```

Multiplexador

O multiplexador é um circuito que possui n entradas, 2^n portas de seleção e uma saída. Sua função é selecionar uma porta entre as n portas de entrada por meio do seletor para atribuí-la à porta de saída. Em VHDL, pode-se descrever um multiplexador 4x1 como segue:

```vhdl
library ieee;
use ieee.std_logic_1164.all;


entity multiplexador is
    port (
            entrada1    : in    std_logic;
            entrada2    : in    std_logic;
            entrada3    : in    std_logic;
            entrada4    : in    std_logic;
            seletor     : in    std_logic_vector(1 downto 0);
            saida       : out   std_logic
    );
end multiplexador;


architecture arquitetura_multiplexador of multiplexador is
begin
    saida <=    entrada1 when seletor = "00" else
                entrada2 when seletor = "01" else
                entrada3 when seletor = "10" else
                entrada4;
end arquitetura_ multiplexador;
```

Decodificador

O mais simples dos decodificadores é o decodificador binário, cuja função é decodificar os valores existentes nas n portas de entradas em valores para 2^n portas de saída. Nesse tipo de decodificador somente uma porta por vez será ligada. Em VHDL, pode-se descrever um decodificador 2x4 como segue:

```vhdl
library ieee;
use ieee.std_logic_1164.all;

entity decodificador is
    port (
        entrada:    in    std_logic_vector (1 downto 0);
        saida:      out   std_logic_vector (3 downto 0)
    );
end decodificador;

architecture arquitetura_decodificador of decodificador is
begin

    saida <=    "0001" when entrada = "00" else
                "0010" when entrada = "01" else
                "0100" when entrada = "10" else
                "1000";

end arquitetura_decodificador;
```

Circuitos aritméticos

Um dos circuitos aritméticos mais conhecidos é o somador completo. A seguir, encontra-se a descrição em VHDL de um somador completo de 1 bit, sendo possível utilizá-lo para construir somadores maiores.

```vhdl
library ieee;
use ieee.std_logic_1164.all;

entity somador_completo is
    port (
        cin     : in    std_logic;
        op1     : in    std_logic;
```

```
                op2                   :  in   std_logic;
                soma                  :  out  std_logic;
                cout                  :  out  std_logic
        );
end somador_completo;


architecture arquitetura_somador_completo of somador_completo
is
begin

        soma <= op1 xor op2 xor carry_in;
        carry_out <= (op1 and op2) or (cin and op1) or (cin and op2);


end arquitetura_somador_completo;
```

13.7.3 CIRCUITOS SEQUENCIAIS EM VHDL

Registrador

Um registrador pode ser implementado por meio de *flip-flops* ou *latches* e, basicamente, é utilizado para o armazenamento de dados. A seguir, é possível observar uma das implementações possíveis para um simples registrador de 1 bit.

```
library ieee;
use ieee.std_logic_1164.all;


entity registrador is
    port(
        clock    : in  std_logic;
        entrada  : in  std_logic;
        saida    : out std_logic
    );
end registrador;
```

```
architecture arquitetura_registrador of registrador is
begin

        process(clock)
        begin
                if (clock'event and clock='1') then
                        saida <= entrada;
                end if;
        end process;


end arquitetura_registrador;
```

Registrador de deslocamento

Um registrador de deslocamento (*shift register*) é um circuito sequencial formado por um conjunto de registradores posicionados lado a lado, com a saída de um registrador conectada à entrada do registrador adjacente. Assim, a cada borda de subida do relógio, os dados armazenados nos registradores são deslocados em uma posição. A seguir, encontra-se uma possível descrição para um registrador de deslocamento de 8 bits.

```
library ieee;
use ieee.std_logic_1164.all;


entity registrador_deslocamento is
        port(
                clock    : in std_logic;
                entrada  : in std_logic_vector (7 downto 0);
                load     : in std_logic;
                saida    : out std_logic_vector (3 downto 0)
        );
end registrador_deslocamento;


architecture arquitetura_reg_desloc of registrador_deslocamento is
begin
```

```vhdl
        process (clock)
            variable aux: std_logic_vector(3 downto 0);
        begin
            if clock'event and clock='1' then
                if load='1' then
                    saida <= entrada;
                    aux := entrada;
                else
                    aux(7) := aux(6);
                    aux(6) := aux(5);
                    aux(5) := aux(4);
                    aux(4) := aux(3);
                    aux(3) := aux(2);
                    aux(2) := aux(1);
                    aux(1) := aux(0);
                    aux(0) := '0';
                    saida <= aux;
                end if;
            end if;
        end process;

    end arquitetura_reg_desloc;
```

Contador

O contador é um circuito sequencial capaz de incrementar ou decrementar o valor da sua saída a cada pulso de relógio. A seguir, encontra-se uma possível descrição para um contador de 8 bits, capaz de contar de 0 a 255 na base decimal.

```vhdl
    library ieee;
    use ieee.std_logic_1164.all;
    use ieee.std_logic_unsigned.all;


    entity contador is
        port
```

```vhdl
        (
                clock   : in  std_logic;
                counter : out std_logic_vector (7 downto 0)
        );
end contador;


architecture arquitetura_contador of contador is

        signal internal_counter: std_logic_vector (7 downto 0);

begin

        process (clock)
        begin
                if clock 'event and clock ='1' then
                        internal_counter <= internal_counter + '1';
                end if;
        end process;
        counter <= internal_counter;


end arquitetura_contador;
```

Máquina de estados finita

Uma máquina de estados finita pode ser descrita em VHDL de diversas formas. Uma delas é implementar a FSM usando dois processos: um para determinar as transições de estado e atribuições dos sinas de saída, e outro para atualizar o estado atual de máquina de estados. A seguir, é possível observar uma possível descrição para uma máquina de estados finita.

```vhdl
        library ieee;
        use ieee.std_logic_1164.all;


        entity fsm is
                port(
```

```vhdl
                reset    : in std_logic;
                entrada  : in std_logic;
                clock    : in std_logic;
                saida    : out std_logic
        );
end fsm;


architecture arquitetura_fsm of fsm is

        type estados is (s0,s1,s2,s3);
        signal atual,prox : estados;

begin

        process (clock, reset)
        begin

                if reset='1' then
                        atual<=s0;
                elsif (clock 'event and clock ='1') then
                        atual<=prox;
                end if;

        end process;

        process (atual,prox,entrada)
        begin

                case atual is
                        when s0 => prox <=s1;
                        when s1 => if entrada='1' then
                                        prox<=s2;
                                   else
                                        prox<=s3;
                                   end if;
```

```
                         when s2 => saida<='0';
                                    prox<=s0;
                         when s3 => saida<='1';
                                    prox<=s0;
              end case;
       end process;


   end arquitetura _fsm;
```

13.8 RESUMO

Neste capítulo, abordou-se os conceitos importantes que envolvem o projeto de circuitos digitais fazendo uso de dispositivo lógico programável. Graças à sua versatilidade, a tecnologia FPGA é cada vez mais empregada, tanto na indústria quanto em estudos e pesquisas acadêmicas. Este capítulo apresentou o fluxo de projeto de circuitos digitais usando FPGAs e exemplos de componentes digitais na linguagem de programação VHDL. Com essas informações, o estudante, por conta própria, está apto a iniciar o projeto de seu primeiro circuito digital em VHDL e a conduzir experiências práticas fazendo uso do FPGA.

- FPGA (*Field-Programmable Gate Array*), em tradução livre, é uma matriz de portas programáveis em campo. Isso significa que o dispositivo pode ser reprogramado "em campo", diretamente no cliente. Essa é uma característica extremamente desejável, já que pode reduzir custos devido à diminuição do tempo de resposta para a correção de um *bug* ou substituição de uma programação obsoleta.

- O bloco lógico é a principal unidade do FPGA, sendo responsável pela implementação da lógica combinacional e sequencial do circuito digital a ser "montado". Geralmente, um bloco lógico emprega memórias programáveis e registradores para construir esses dois tipos de lógica. Memórias programáveis nada mais são do que tabelas-verdade, usadas para a geração de funções lógicas booleanas do tipo soma de produtos.

- A primeira das etapas é a descrição do circuito digital em HDL, que deve ser sempre feita de acordo com a especificação do circuito. A etapa de simulação funcional verifica a corretude do circuito, ou seja, se a sua descrição foi realizada corretamente.

- A arquitetura é o espaço disponível para a implementação da funcionalidade do circuito a ser projetado.

EXERCÍCIOS DE FIXAÇÃO

1) Quais são as diferenças técnicas entre SPLD, CPLD e FPGA?

2) Quais são os blocos básicos que compõem a arquitetura interna do FPGA? Descreva a função de cada um desses blocos.

3) Explique o par entidade-arquitetura da linguagem VHDL.

4) Enumere as etapas do fluxo de projeto de um circuito digital empregando FPGA e HDL.

5) Descreva em VHDL um decodificador para um *display* de sete segmentos. Avalie e determine as portas de entrada e saída necessárias para esse decodificador.

6) Descreva em VHDL um contador de 8 bits que sature a contagem em 200 (decimal). Use duas portas de entrada, uma (1 bit) para o sinal a ser contado e outra (1 bit) para zerar o contador. Use uma porta de saída (1 bit) para indicar a saturação da contagem.

7) Descreva em VHDL um circuito digital para implementar uma comunicação serial. Use duas máquinas de estados: um para serializar e outra para desserializar bytes. A interface deve possuir um conjunto de portas para os dados paralelos (8 bits) e outra para os dados seriais (1 bit). Considere utilizar sinalização para iniciar o processo de serialização e para indicar o fim do processo de desserialização. Determine as portas necessárias para essa sinalização.

ANEXO A

TABELA DE CARACTERES ASCII DE CONTROLE NÃO IMPRIMÍVEIS (*)

Dec.	Char.	Dec.	Char.
0	nulo	16	escape de vínculo de dados
1	início de título	17	controle de dispositivo 1
2	início do texto	18	controle de dispositivo 2
3	final do texto	19	controle de dispositivo 3
4	fim da transmissão	20	controle de dispositivo 4
5	pesquisa	21	confirmação negativa
6	confirmação	22	estado ocioso síncrono
7	aviso sonoro	23	fim da transmissão
8	*backspace*	24	cancelar
9	tabulação horizontal	25	fim da mídia
10	alimentação de linha/nova linha	26	substituir
11	tabulação vertical	27	sair
12	alimentação de formulário/nova página	28	separador de arquivos
13	retorno de carro	29	separador de grupos
14	mover para fora	30	separador de registros
15	mover para dentro	31	separador de unidades

(*) Os números de 0 a 31 da tabela ASCII são atribuídos aos caracteres de controle. Podemos, por exemplo, usá-los para controlar alguns dispositivos periféricos, como impressoras.

Obs.: Dec. ≡ Decimal; Char. ≡ *Character*.

ANEXO B

CARACTERES ASCII IMPRIMÍVEIS (*)

Dec.	Char.	Dec.	Char.	Dec.	Char.	Dec.	Char.
32	espaço	56	8	80	P	104	h
33	!	57	9	81	Q	105	i
34	"	58	:	82	R	106	j
35	#	59	;	83	S	107	k
36	$	60	<	84	T	108	l
37	%	61	=	85	U	109	m
38	&	62	>	86	V	110	n
39	'	63	?	87	W	111	o
40	(	64	@	88	X	112	p
41	)	65	A	89	Y	113	q
42	*	66	B	90	Z	114	r
43	+	67	C	91	[	115	s
44	,	68	D	92	\	116	t
45	-	69	E	93	]	117	u
46	.	70	F	94	^	118	v
47	/	71	G	95	_	119	w
48	0	72	H	96	`	120	x

(continua)

(*) Os números de 32 a 127 são atribuídos aos caracteres encontrados no teclado e que são mostrados ao exibir ou imprimir um documento.
Obs.: Dec. ≡ Decimal; Char. ≡ *Character*.

CARACTERES ASCII IMPRIMÍVEIS (*) *(continuação)*

Dec.	Char.	Dec.	Char.	Dec.	Char.	Dec.	Char.
49	1	73	I	97	a	121	y
50	2	74	J	98	b	122	z
51	3	75	K	99	c	123	{
52	4	76	L	100	d	124	|
53	5	77	M	101	e	125	}
54	6	78	N	102	f	126	~
55	7	79	O	103	g	127	DEL

(*) Os números de 32 a 127 são atribuídos aos caracteres encontrados no teclado e que são mostrados ao exibir ou imprimir um documento.
Obs.: Dec. ≡ Decimal; Char. ≡ *Character*.

ANEXO C

TABELA DE CARACTERES ASCII ESTENDIDOS IMPRIMÍVEIS (*)

Dec.	Char.	Dec.	Char.	Dec.	Char.	Dec.	Char.	Dec.	Char.	Dec.	Char	Dec.	Char.
128	Ç	147	ô	166	ª	185	╣	204	╠	223	▄	242	≥
129	ü	148	ö	167	º	186	║	205	═	224	α	243	≤
130	é	149	ò	168	¿	187	╗	206	╬	225	ß	244	⌠
131	â	150	û	169	⌐	188	╝	207	⊥	226	Γ	245	⌡
132	ä	151	ù	170	¬	189	╜	208	╨	227	π	246	÷
133	à	152	ÿ	171	½	190	╛	209	╤	228	Σ	247	≈
134	å	153	Ö	172	¼	191	┐	210	╥	229	σ	248	≈
135	ç	154	Ü	173	¡	192	└	211	╙	230	μ	249	··
136	ê	155	¢	174	«	193	┴	212	Ô	231	τ	250	·
137	ë	156	£	175	»	194	┬	213	╒	232	Φ	251	√
138	è	157	¥	176	░	195	├	214	╓	233	Θ	252	ⁿ
139	ï	158	Pts	177	▒	196	─	215	╫	234	Ω	253	²
140	î	159	ƒ	178	▓	197	┼	216	╪	235	δ	254	■
141	ì	160	á	179	│	198	╞	217	┘	236	∞	255	
142	Ä	161	í	180	┤	199	╟	218	┌	237	φ		
143	Å	162	ó	181	╡	200	╚	219	█	238	ε		
144	É	163	ú	182	╢	201	╔	220	▄	239	∩		
145	æ	164	ñ	183	╖	202	╩	221	▌	240	≡		
146	Æ	165	Ñ	184	╕	203	╦	222	▐	241	±		

(*) Os caracteres ASCII estendidos servem para representar outros caracteres.
O total de caracteres, incluindo-se imprimíveis, não imprimíveis
e estendidos, são 256. Obs.: Dec. ≡ Decimal; Char ≡ *Character*.

RESPOSTAS DOS EXERCÍCIOS DE FIXAÇÃO

CAPÍTULO 1

1) É uma variável que pode assumir dois estados lógicos: 0 e 1.

2) Não. Na equação $A \vee B \to S$, as variáveis **A** e **B** são variáveis independentes e a saída **S** depende dessas entradas.

3) O circuito que representa $A \vee B \to S$ é:

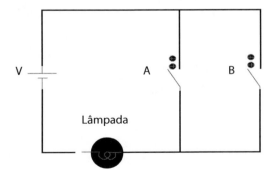

4) A tabela-verdade da equação (A∨B)∧C → S é:

A	B	C	S
F	F	F	F
F	F	V	F
F	V	F	F
F	V	V	VF
V	F	F	F
V	F	V	V
V	V	F	F
V	V	V	VF

5) Quando todas as entradas estiverem em nível 1.

6) A equação lógica que traduz a tabela-verdade dada é:

$$S = A.\overline{B}.C$$

7) Com 5 variáveis de entrada são possíveis $2^5 = 32$ combinações.

8) As variáveis independentes podem assumir qualquer valor lógico (0 e 1). Já as variáveis dependentes têm seu valor em função das variáveis independentes. O estado lógico de uma lâmpada, por exemplo, depende do estado lógico das chaves. Neste a variável associada ao estado lógico da lâmpada é dependente e a variável lógica associadas ao estado lógico das chaves é independente.

9) A equação do circuito é:

$$S = A.\overline{B}.\overline{C} + A.\overline{B}.C + A.B.\overline{C}$$

10) A tabela-verdade do circuito é:

A	B	C	S
F	F	F	F
F	F	V	F
F	V	F	F
F	V	V	VF
V	F	F	V
V	F	F	V
V	V	F	V
V	V	V	FF

CAPÍTULO 2

1) $23_{(10)} = 10111_{(2)}$
2) $75_{(10)} = 4B_{(16)}$
3) $19_{(16)} = 25_{(10)}$
4) $100010_{(2)} = 34_{(10)}$
5) $F37_{(16)} = 111100110111_{(2)}$
6) $101010111011_{(2)} = ABB_{(16)}$
7) $F0CA_{(16)} = 1111000011001010_{(2)}$
8) $F0CA_{(16)} = 61642_{(10)}$
9) $51_{(10)} = 110011_{(2)}$
10) $100_{(16)} = 256_{(10)}$

CAPÍTULO 3

1)
 a) $S = \overline{(A.B)}.\overline{(C+D)}$
 b) $S = \overline{A.B \oplus (C.D)}.\overline{D}$

2)
 a) $S = \overline{A}.B.C + A.\overline{B}.C + A.B.\overline{C}$
 b) $S = \overline{A}.B.C + A.\overline{B}.C + A.B.\overline{C}$
 c) $S = \overline{A}.\overline{B}.\overline{C} + \overline{A}.\overline{B}.C + \overline{A}.B.\overline{C} + A.\overline{B}.\overline{C} + A.B.C$
 d) $S = \overline{A}.\overline{B}.C + \overline{A}.B.C + A.\overline{B}.\overline{C} + A.\overline{B}.C + A.B.\overline{C}$

3)

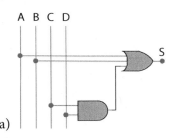
a)

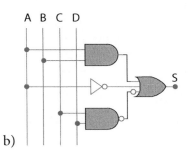
b)

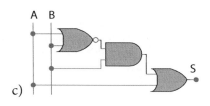
c)

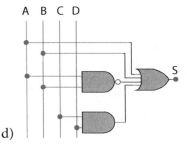
d)

4)
   a) $S = A + B$
   b) $S = \bar{A} + \bar{B} + \bar{C}$
   c) $S = \bar{A} + \bar{B} + \bar{C}$
   d) $S = A.\bar{B} + \bar{A}.B + C$
   e) $S = C.\bar{D} + \bar{A}.C$

5) $S = A.B + A.C + B.C$

6)
   a) $S = A.\bar{B} + \bar{A}.B$
   b) $S = A.C + A.B + B.C$
   c) $S = \bar{A}.\bar{B} + \bar{A}.B.\bar{C} + \bar{B}.\bar{C}$
   d) $S = A.C + \bar{A}.B.\bar{C}$
   e) $S = C + \bar{A}.B$
   f) $S = \bar{A}.C.\bar{D} + \bar{A}.B.\bar{D} + A.\bar{C}.D + A.\bar{B}.D$

CAPÍTULO 4

1) 1011

2) Na conversão do número 7 (decimal) em seu correspondente BCD 7421, obtém-se o número codificado em binário 1000_2. Ao converter esse número binário em decimal, o resultado é 8. Logo, esse resultado não é o decimal 7. O motivo é que o código BCD 7421 não tem a mesma lei de formação que a de um número codificado em binário.

3) Na conversão dos números 3 e 4 (decimais) em seus correspondentes BCD 7421, obtém-se os números codificados em binários 0011_2 e 0100_2. Ao converter esses números binários em decimais, os resultados são 3 e 4, respectivamente. Logo, esses resultados são os decimais 3 e 4. O motivo é que o código BCD 7421 neste caso coincide com esses números na representação de um número decimal em binário.

4) O código ASCII é uma codificação de números, símbolos, caracteres e letras em representação numérica. O motivo é que os computadores somente processam números. Por isso a necessidade dessa codificação numérica.

5) A letra minúscula "a" é representada em código ASCII pelo decimal 97.

   A letra maiúscula "A" é representada em código ASCII pelo decimal 65.

   A regra para obter o código de uma letra minúscula a partir da maiúscula é somar 32 (decimal) ao código da letra minúscula. Exemplo:

   O decimal 65 representa o "a". Então 65 + 32 = 97, o qual representa a letra "A".

6) O código Gray tem como vantagem a característica de variar apenas 1 bit de um número para outro. Em sistemas reais isso requer menos tempo de processamento.

CAPÍTULO 5

1) Projeto de um decodificador para executar a tabela mostrada na Tabela 5.2.

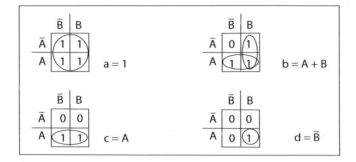

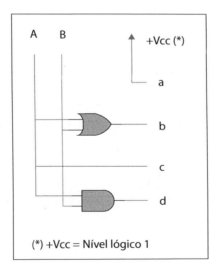

(*) +Vcc = Nível lógico 1

Tabela 5.3 – Tabela de decodificação.

Entradas		Saídas			
A	B	a	b	c	d
0	0	1	0	0	0
0	1	1	1	0	0
1	0	1	1	1	0
1	1	1	1	1	1

2) Os equipamentos digitais processam somente os bits 0 e 1. Mas esse sistema não é familiar para a maioria das pessoas. Assim, são necessários os conversores de códigos para interpretar ou codificar da linguagem do ser humano para a linguagem de máquina e vice-versa. O circuito digital que tem a função de converter um código numérico em outro é denominado de *codificador*. O circuito que executa a função inversa a essa é o *decodificador*. A figura a seguir exemplifica as ações dos codificadores e decodificadores em um sistema real.

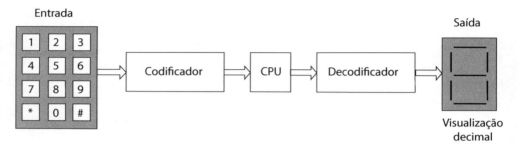

3) Sim, porque representa um sistema de numeração no qual se usam apenas os algarismos 0 e 1 para representar quaisquer números de outra base. Logo, pode-se considerar que um número de outra base pode ser codificado na base 2.

4) Não, porque são circuitos combinacionais, os quais não precisam de sinais de sincronismo.

O estado de saída desse tipo de circuito não depende da mudança do estado anterior da entrada para sofrer alteração no que se refere ao tempo. São estados independentes do tempo em que ocorrem. Caso a entrada se altere, a saída altera-se de forma imediata, independente de um sinal de sincronismo.

Por outro lado, o sinal na saída de um circuito sequencial, em um dado instante, é influenciado por eventos anteriores. Isso pressupõe uma característica de memória, isto é, o circuito deve ter condições de "lembrar" de seu estado anterior para, ao receber um novo comando, mudar para o passo subsequente. Logo, o que identifica os circuitos sequenciais é a característica de memória.

CAPÍTULO 6

1)

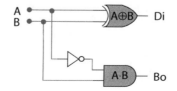

2) Usaria um decodificador para converter esses números para a base 2 e, em seguida, somá-los.

3)

	Entradas			Saídas	
	A	B	Ci	Σ	Co
1	0	0	0	0	0
2	0	0	1	1	0
3	0	1	0	1	0
4	0	1	1	0	1
5	1	0	0	1	0
6	1	0	1	0	1
7	1	1	0	0	1
8	1	1	1	1	1

CAPÍTULO 7

1) É uma memória digital capaz de armazenar 1 bit de informação binária. É também conhecido como *flip-flop*.

2) Sua desvantagem é a ambiguidade nas saídas quando as entradas R = S = 1. Nessa situação ambas as saídas assumem nível lógico 1.

3) Sim. Um biestável do tipo JK pode ser transformado em um biestável tipo D (*Data*) colocando-se uma porta inversora entre as entradas J e K. A entrada do biestável tipo D se dá a partir da entrada J, conforme ilustrado a seguir.

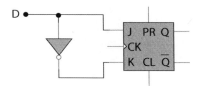

4) Um biestável tipo D pode ser utilizado como divisor de frequência.

5) Nos biestáveis JK mestre/escravo é possível obter melhor sincronismo de todos os biestáveis que compõem o sistema digital, pois seus terminais de *clock* são sensíveis apenas aborda de descida ou de subida do pulso de *clock*.

6) Um biestável do tipo JK pode ser transformado em um biestável tipo T (*Toggle*) unindo-se eletricamente as entradas J e K. A entrada do biestável tipo T, nesse caso, recebe o nome de entrada T, conforme ilustrado a seguir.

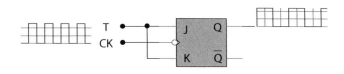

7) A vantagem é que o biestável JK não apresenta indeterminação quando as entradas J = K = 1. Nesse caso as saídas invertem seu estado lógico a cada transição de *clock*.

8) *Latch* ou tranca é o nome dado aos biestáveis assíncronos que não apresentam terminal de *clock*.

CAPÍTULO 8

1) O contador síncrono pode operar em maiores velocidades; no entanto, seu projeto a partir de biestáveis requer maior conhecimento.

2) Os contadores assíncronos são aqueles em que o sinal de *clock* é aplicado somente no primeiro estágio. Os estágios seguintes utilizam como sinal de sincronismo a saída do estágio anterior. Estes contadores são conhecidos como contadores *ripple*.

3) A velocidade é limitada pelos atrasos de propagação e atrasos de transição de cada estágio. À medida que a frequência aumenta, mais ruídos, ou espúrios, são observados na contagem.

4) É possível obter um contador de módulo 20 de duas formas: assíncrono e síncrono.

5) O contador assíncrono, para contar de 0 até 11, pode ser obtido a partir dos passos abaixo:

- $2^3 < 11 < 2^4$. Assim, n = 4, ou seja, são necessários 4 *flip-flops*.
- E = 11, então, E-1 (decrescente) = 10 Logo $10_{(10)} = 1010_{(2)}$
- $1010_{(2)} \rightarrow$ DCBA, isto é, o *flip-flop* A corresponde ao bit menos significativo.

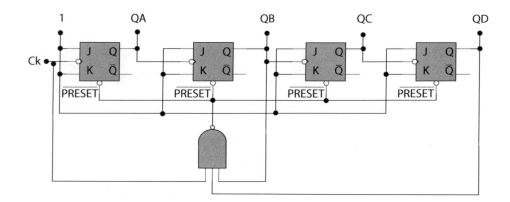

6) O Contador síncrono, para contar de 0 até 13, pode ser obtido a partir da sequência de projeto ilustrada abaixo.

Estado	Q_D	Q_C	Q_B	Q_A
0	0	0	0	0
1	0	0	0	1
2	0	0	1	0
3	0	0	1	1
4	0	1	0	0
5	0	1	0	1
6	0	1	1	0
7	0	1	1	1
8	1	0	0	0
9	1	0	0	1
10	1	0	1	0
11	1	0	1	1
12	1	1	0	0
13	1	1	0	1

Abaixo a matriz de referência para as designações de estado e o mapa padrão de 4 variáveis que mostra como um contador de 4 bits assume cada um de seus dezesseis estados.

(a)

Q_n	Q_{n+1}	J	K
0	0	0	X
0	1	1	X
1	0	X	1
1	1	X	0

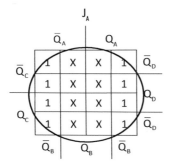

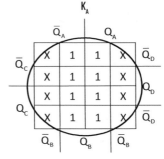

Mapa para simplificação da saída A.

Resposta: $J_A = 1$ $K_A = 1$

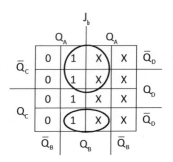 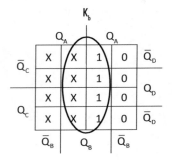

Mapa para simplificação da saída B.

Resposta: $JB = \overline{Q}_C \cdot Q_B + Q_B \cdot Q_C \cdot \overline{Q}_D$ $K_B = Q_B$

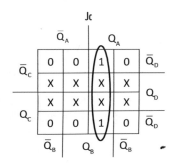 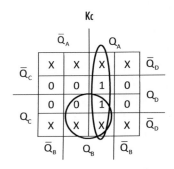

Mapa para simplificação da saída C.

Resposta: $JC = Q_A \cdot Q_B$ $K_C = Q_A \cdot Q_B + Q_B \cdot Q_C$

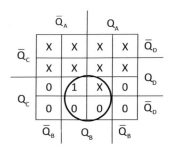

Mapa para simplificação da saída D.

Resposta: $J_D = Q_A \cdot Q_B \cdot Q_D$ $K_D = Q_B \cdot Q_D$

Abaixo o circuito obtido a partir das equações simplificadas

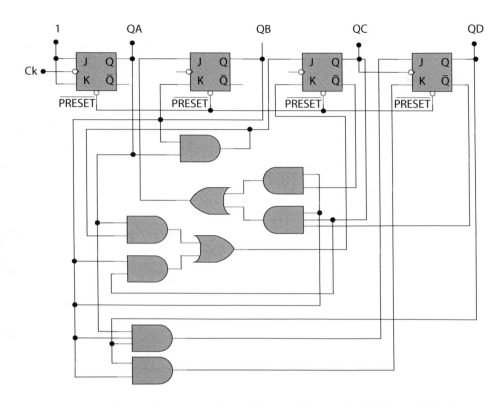

7) Forma 1: colocando as entradas R0(1) e R0(2) em nível lógico 0 (*clear*).

Forma 2: mantendo a entrada em nível lógico 0 por quatro habilitações de *clock*.

8) No contador em anel, a saída série do último estágio (MSB) é ligada à entrada série do primeiro estágio (LSB).

9) É utilizada a técnica de simplificação gráfica, por meio dos diagramas de Veitch--Karnaugh.

10) As entradas *preset* e *clear* são utilizadas para ajustar o estado inicial de saída dos biestáveis. A entrada *preset* força a saída a ir no nível lógico 1 e a entrada *clear* força a saída a ir no nível lógico 0.

CAPÍTULO 9

1) O biestável do tipo D (*Data*) é a base para composição dos registradores de deslocamento.

2) O registrador de deslocamento com entrada série e saída paralela (ES/SP).

3) A leitura dos dados de saída deverá ser realizada somente após o 6º pulso de *clock*.

4) Sim. Os registradores de deslocamento têm seus biestáveis ativados pelo mesmo pulso de *clock*, ou seja, os biestáveis são comandados de forma síncrona.

5) O registrador de deslocamento com entrada série e saída série de três estágios e *clock* ativado na subida do pulso é de acordo com desenho a seguir:

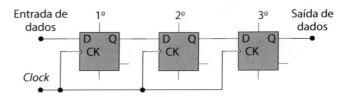

6) É aquele em que os dados podem ser deslocados para a direita ou para a esquerda, conforme seleção.

7) Sua função é o armazenamento de dados. A função do registrador de deslocamento, nesse caso, é buferizar os dados.

8) As entradas *preset* e *clear* são utilizadas para ajustar o estado inicial das saídas do registrador de deslocamento.

CAPÍTULO 10

1) É uma comutação sequencial das entradas, onde cada entrada estará presente na saída em um dado instante de tempo.

2) Os multiplexadores são utilizados, basicamente em três aplicações: comutação aleatória das entradas, serialização de sinais digitais e geração de funções booleanas.

3) Sua função é selecionar qual das entradas ficará conectada na saída do multiplex.

4) O demultiplex tem função inversa do multiplex, ou seja, ele redistribui uma linha em diversas linhas, desconcentrando a informação de um único ponto.

5) O multiplex 74151 possui oito entradas, sendo necessárias três entradas para seleção de endereços.

6) O CI 74154 é um demultiplex, sendo o pino 18 responsável por habilitar a entrada de dados.

7) A equação booleana gerada é:

$$Y = \bar{A}.\bar{B}.C + A.\bar{B}.\bar{C} + A.\bar{B}.C + A.B.C.$$

CAPÍTULO 11

1) $\Delta = \dfrac{V_0}{\text{combinações}} = \dfrac{5V}{12} = 0,375$

2) $I = a_1 \cdot \dfrac{V_{REF}}{2^1 R} + a_2 \cdot \dfrac{V_{REF}}{2^2 R} + a_3 \cdot \dfrac{V_{REF}}{2^3 R} + a_4 \cdot \dfrac{V_{REF}}{2^4 R}$

$$I = 1.\frac{24}{200} + 1.\frac{24}{400} + 1.\frac{24}{800} + 1.\frac{24}{1600}$$

$$I = 0,12 + 0,06 + 0,03 + 0,015$$

$$I = 0,225$$

3) A principal desvantagem do conversor A/D por contagem ascendente é que, para cada ciclo de conversão, o contador é resetado e sua contagem inicia, portanto, do zero. Isso ocasiona uma baixa velocidade de conversão.

4) Resolução: a resolução é função do número de bits da saída. Seu cálculo é o mesmo do conversor D/A.

   Erro de quantização: a resolução de um conversor A/D está intimamente ligada com o erro de quantidade do conversor A/D.

5) A quantização de um sinal analógico é o processo de aproximação desse sinal para níveis discretos e valores bem definidos. O erro de quantização é devido ao fato de os valores da entrada, valores analógicos, serem aproximados para um valor discreto.

6) As correntes para as combinações de chaves são calculadas de acordo com os pesos de cada posição

   0011

   $$I = 0.\frac{V_{REF}}{R} + 0.\frac{V_{REF}}{2.R} + 1.\frac{V_{REF}}{4.R} + 1.\frac{V_{REF}}{8.R} \qquad = \frac{3.V_{REF}}{8.R}$$

   0100

   $$I = 0.\frac{V_{REF}}{R} + 1.\frac{V_{REF}}{2.R} + 0.\frac{V_{REF}}{4.R} + 0.\frac{V_{REF}}{8.R} \qquad = \frac{.V_{REF}}{2.R}$$

   0101

   $$I = 0.\frac{V_{REF}}{R} + 1.\frac{V_{REF}}{2.R} + 0.\frac{V_{REF}}{4.R} + 1.\frac{V_{REF}}{8.R} \qquad = \frac{5.V_{REF}}{8.R}$$

   0111

   $$I = 0.\frac{V_{REF}}{R} + 1.\frac{V_{REF}}{2.R} + 1.\frac{V_{REF}}{4.R} + 1.\frac{V_{REF}}{8.R} \qquad = \frac{7.V_{REF}}{8.R}$$

   1001

   $$I = 1.\frac{V_{REF}}{R} + 0.\frac{V_{REF}}{2.R} + 0.\frac{V_{REF}}{4.R} + 1.\frac{V_{REF}}{8.R} \qquad = \frac{9.V_{REF}}{8.R}$$

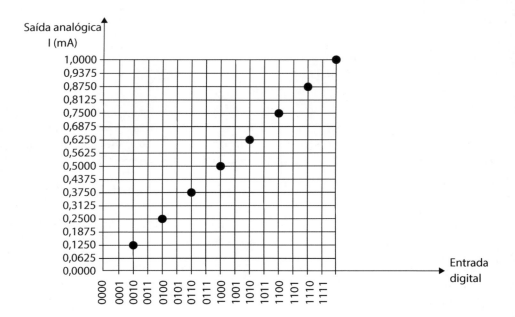

CAPÍTULO 12

1) A principal diferença conceitual é que os microprocessadores são UCPs dedicadas, necessitando de componentes externos para armazenar dados e comunicar-se com o meio exterior. Microcontroladores são CIs que contêm as funções de UCP, memória, entrada e saída de dados; sob esse ponto de vista, são sistemas computacionais completos, embora muito mais simples que os primeiros.

2) O barramento de endereços é parte indissociável das MCUs, dado que o armazenamento de dados e de programas está localizado fora do CI.

3) É mais fácil realizar uma experiência real com MCUs, porque esses CIs necessitam de muito menos suporte de dispositivos externos, que se deve em grande parte à complexidade do projeto e à probabilidade de erros.

4) Código fonte é toda forma de escrita de programa em linguagem de programação para uso humano. Existem códigos fonte escritos em linguagens de alto nível, como Java, e aqueles, mais raros, escritos em linguagens de baixo nível, é o caso do *assembly*.

5) *Assembly* é uma linguagem de criação de código fonte de baixo nível. Os *assemblys* têm a característica de serem específicos para a CPU, ou família de CPUs, a que atendem, e disporem de poucos ou nenhum recurso de abstração sobre os dados em forma binária.

6) O *assembler* é um programa que traduz um código fonte escrito em *assembly* para um código objeto capaz de ser reconhecido pela CPU-alvo, aquela que executará o programa em sua forma final. O *assembler* é, via de regra, específico

para uma plataforma de CPUs e é o responsável por proporcionar qualquer recurso de abstração acima do código binário para os programas fonte.

7) O compilador é o programa tradutor responsável por gerar o código objeto para cada processador-alvo a partir de um programa fonte escrito em linguagem de alto nível. É comum se encontrar compiladores que atendam a mais de uma plataforma de CPUs.

8) As linguagens de alto nível são inespecíficas quanto à CPU-alvo, já as de baixo nível são construídas para atenderem a um processador.

9) Registradores são memórias internas à CPU responsáveis por manter um dado temporário único conforme a sequência das instruções. O número e o modo de acesso entre os registradores é uma característica da arquitetura de uma MPU ou MCU.

10) A placa Arduino UNO usa a MCU ATMega 328 da Atmel.

CAPÍTULO 13

1) O SPLD, ou dispositivo lógico programável simples, é basicamente um arranjo de portas lógicas que pode ser programado para reproduzir a função lógica desejada. O CPLD, ou dispositivo lógico programável complexo, é simplesmente um arranjo de SPLD interconectadas por meio de uma matriz de conexão, resultando disso uma ampla rede de portas lógicas. Já o FPGA é um dispositivo que difere do SPLD e CPLD, sendo constituído, basicamente, por blocos lógicos programáveis (os quais implementam as funções lógicas) que são interconectados por uma matriz de conexão, também programável.

2) Os blocos básicos que compõem um FPGA são o bloco lógico programável, o bloco de I/O e o bloco de interconexão. O bloco lógico tem a função de implementar parte da lógica (combinacional e sequencial) do circuito digital a ser reproduzido. Os blocos de I/O têm a função de conectar o circuito digital ao mundo externo. O bloco de interconexão possui a função de conectar os blocos lógicos programáveis entre si e também os blocos lógicos programáveis aos blocos de I/O.

3) O par entidade-arquitetura é uma estrutura organizada pela linguagem VHDL para permitir a descrição do circuito digital. A entidade é a parte dessa estrutura utilizada para descrever a interface de comunicação do circuito, enquanto que a arquitetura é a parte utilizada para a descrição da funcionalidade, ou comportamento, do circuito.

4) As etapas do fluxo de projeto são seis: etapa de descrição do circuito digital, etapas de simulação funcional e temporizada, etapa de síntese e PAR, etapa de prototipação no FPGA e etapa de validação do funcionamento do circuito.

5)

```vhdl
library ieee;
use ieee.std_logic_1164.all;


entity bcd_display is
        port (
                        clock       : in    std_logic;
                        bcd         : in    std_logic_vector(3 downto 0);
                        display : out std_logic_vector(6 downto 0) -- lógica negada: 0 liga e 1 desliga
         );
end bcd_display;


architecture arquitetura_bcd_display of bcd_display is
begin
        process (clock,bcd)
        begin
                        if (clock'event and clock='1') then
                                case bcd is
                                        when "0000" => display <="0000001";  -- 0
                                        when "0001" => display <="1001111";  -- '1'
                                        when "0010" => display <="0010010";  -- '2'
                                        when "0011" => display <="0000110";  -- '3'
                                        when "0100" => display <="1001100";  -- '4'
                                        when "0101" => display <="0100100";  -- '5'
                                        when "0110" => display <="0100000";  -- '6'
                                        when "0111" => display <="0001111";  -- '7'
                                        when "1000" => display <="0000000";  -- '8'
                                        when "1001" => display <="0000100";  -- '9'
                                        when others => display <="1111111"; -- não imprime nada nos outros casos
                                end case;
                        end if;
        end process;

end arquitetura_bcd_display;
```

6)
```
library ieee;
use ieee.std_logic_1164.all;
use ieee.std_logic_unsigned.all;

entity contar_200 is
   port
   (
         sinal_a_contar      : in    std_logic;
         zera_contador : in    std_logic;
         contados_200  : out   std_logic
    );
end contar_200;

architecture arquitetura_contar_200 of contar_200 is

   signal internal_counter: std_logic_vector (7 downto 0);

begin

   process (sinal_a_contar, zera_contador)
   begin
         if sinal_a_contar'event and sinal_a_contar = '1'
    then
         if zera_contador = '1' then
                                         internal_counter <=
"00000000";
                          contados_200 <= '0';
         else
                 if internal_counter < 200 then
                             internal_counter <= internal_
                 counter + '1';
                       else
                       contados_200 <= '1';
                       end if;
         end if;
         end if;
   end process;


   end arquitetura_contar_200;
```

7)
```vhdl
library ieee;
use ieee.std_logic_1164.all;

entity comunicacao_serial is
port(
        reset                   : in    std_logic;
        clock                   : in    std_logic;
        inicio_deserializacao   : in    std_logic;
        rx_serial               : in    std_logic;
        rx_paralelo             : out   std_logic_vector(7 downto 0);
        fim_deserializacao      : out   std_logic;
        inicio_serializacao     : in    std_logic;
        tx_paralelo             : in    std_logic_vector(7 downto 0);
        tx_serial               : out   std_logic;
        fim_serializacao        : out   std_logic
);
end comunicacao_serial;

architecture arquitetura_comunicacao_serial of comunicacao_serial is

        type rx_estados is (rx_inicio,rx_bit0,rx_bit1,rx_bit2,rx_bit3,rx_bit4,rx_bit5,rx_bit6,rx_bit7,rx_fim);
        signal rx_atual,rx_prox : rx_estados;
        type tx_estados is (tx_inicio,tx_bit0,tx_bit1,tx_bit2,tx_bit3,tx_bit4,tx_bit5,tx_bit6,tx_bit7,tx_fim);
        signal tx_atual,tx_prox : tx_estados;
        signal tx_temporario, rx_temporario : std_logic_vector(7 downto 0);

begin

        process (clock)
        begin
        if reset='1' then
```

```vhdl
                rx_atual<= rx_inicio;
    elsif (clock'event and clock='1') then
                rx_atual<=rx_prox;
    end if;
    end process;


    process (rx_atual)
    begin
    case rx_atual is
        when rx_inicio =>    if   inicio_deserializacao  =
    '1' then
                                rx_prox <= rx_bit0;
                            end if;
                            fim_deserializacao <= '0';
        when rx_bit0 =>    rx_temporario(0)<= rx_serial;
    rx_prox <= rx_bit1;
        when rx_bit1 =>    rx_temporario(1)<= rx_serial;
    rx_prox <= rx_bit2;
        when rx_bit2 =>    rx_temporario(2)<= rx_serial;
    rx_prox <= rx_bit3;
        when rx_bit3 =>    rx_temporario(3)<= rx_serial;
    rx_prox <= rx_bit4;
        when rx_bit4 =>    rx_temporario(4)<= rx_serial;
    rx_prox <= rx_bit5;
        when rx_bit5 =>    rx_temporario(5)<= rx_serial;
    rx_prox <= rx_bit6;
        when rx_bit6 =>    rx_temporario(6)<= rx_serial;
    rx_prox <= rx_bit7;
        when rx_bit7 =>    rx_temporario(7)<= rx_serial;
    rx_prox <= rx_fim;
        when rx_fim =>     rx_paralelo <= rx_temporario;
                            fim_deserializacao <= '1';
                            rx_prox <= rx_inicio;
        when others =>     null; -- null significa fazer
    nada
    end case;


    end process;
```

```vhdl
process (clock)
begin
if reset='1' then
      tx_atual<=tx_inicio;
elsif (clock'event and clock='1') then
      tx_atual<=tx_prox;
end if;
end process;


process (tx_atual)
begin


case tx_atual is
      when tx_inicio =>   if inicio_serializacao = '1'
then
                              tx_prox <= tx_bit0;
                              tx_temporario <= tx_paralelo;
                  end if;
                  fim_serializacao <= '0';
      when tx_bit0 =>    tx_serial    <=    tx_temporar-
io(0); tx_prox <= tx_bit1;
      when tx_bit1 =>    tx_serial    <=    tx_temporar-
io(1); tx_prox <= tx_bit2;
      when tx_bit2 =>    tx_serial    <=    tx_temporar-
io(2); tx_prox <= tx_bit3;
      when tx_bit3 =>    tx_serial    <=    tx_temporar-
io(3); tx_prox <= tx_bit4;
      when tx_bit4 =>    tx_serial    <=    tx_temporar-
io(4); tx_prox <= tx_bit5;
      when tx_bit5 =>    tx_serial    <=    tx_temporar-
io(5); tx_prox <= tx_bit6;
      when tx_bit6 =>    tx_serial    <=    tx_temporar-
io(6); tx_prox <= tx_bit7;
      when tx_bit7 =>    tx_serial    <=    tx_tempora-
rio(7); tx_prox <= tx_fim;
```

```vhdl
            when tx_fim =>      fim_serializacao <= '1';
                            tx_prox <= tx_inicio;
            when others =>      null; -- null significa fazer nada
        end case;

    end process;


end arquitetura_comunicacao_serial;
```

REFERÊNCIAS BIBLIOGRÁFICAS

ALTERA. Disponível em: <www.altera.com/>. Acesso em: 30 out. 2015.

ARDUINO. Disponível em: <www.arduino.cc/>. Acesso em: 13 out. 2015.

FAIRCHILD. *Buffers*. Disponível em: <www.fairchildsemi.com/products/logic/buffers-drivers-transceivers/buffers/>. Acesso em: 13 out. 2015.

_____. *Flip-flops, latches, registers*. Disponível em: <www.fairchildsemi.com/products/logic/flip-flops-latches-registers/>. Acesso em: 13 out. 2015.

_____. *Gates*. Disponível em: <www.fairchildsemi.com/products/logic/gates/>. Acesso em: 13 out. 2015.

_____. *Multiplexer, demultiplexer, decoders*. Disponível em: <www.fairchildsemi.com/products/logic/multiplexer-demultiplexer-decoders/>. Acesso em: 13 out. 2015.

IDOETA, I.; CAPUANO, F. G. *Elementos de eletrônica digital*. 41. ed. São Paulo: Érica, 2014.

MICROCHIP. *Microcontrollers*. Disponível em: <www.microchip.com/pagehandler/en-us/products/picmicrocontrollers>. Acesso em: 13 out. 2015.

MOTOROLA. Disponível em: <pdf.datasheetcatalog.net/datasheet/motorola/74HC164.pdf>. Acesso em: 2 abr. 2015.

ONSEMI. *Analog-to-Digital Converters (ADC)*. Disponível em: <www.onsemi.com/PowerSolutions/parametrics.do?id=101923>. Acesso em: 13 out. 2015.

_____. *Arithmetic Functions*. Disponível em: <www.onsemi.com/PowerSolutions/parametrics.do?id=401>. Acesso em: 13 out. 2015.

_____. *Buffers*. Disponível em: <www.onsemi.com/PowerSolutions/parametrics.do?id=92>. Acesso em: 13 out. 2015.

_____. *Flip-flops*. Disponível em: <www.onsemi.com/PowerSolutions/parametrics.do?id=238>. Acesso em: 13 out. 2015.

_____. *Latches & registers*. Disponível em: <www.onsemi.com/PowerSolutions/parametrics.do?id=339>. Acesso em: 13 out. 2015.

_____. *Logic gates.* Disponível em: <www.onsemi.com/PowerSolutions/parametrics.do?id=247>. Acesso em: 13 out. 2015.

_____. *Multiplexers.* Disponível em: <www.onsemi.com/PowerSolutions/parametrics.do?id=419>. Acesso em: 13 out. 2015.

TEXAS INSTRUMENTS. *Buffer/Driver/Transceiver.* Disponível em: <www.ti.com/lsds/ti/logic/buffer-driver-transceiver-products.page>. Acesso em: 13 out. 2015.

_____. *Gate.* Disponível em: <www.ti.com/lsds/ti/logic/gate-products.page>. Acesso em: 13 out. 2015.

_____. *Flip-flop/latch/register.* Disponível em: <www.ti.com/lsds/ti/logic/flip-flop-latch-register-products.page>. Acesso em: 13 out. 2015.

_____. *Counter/arithmetic/parity function.* Disponível em: <www.ti.com/lsds/ti/logic/arithmetic-parity-function-products.page>. Acesso em: 13 out. 2015.

_____. *Decoder/encoder/multiplexer.* Disponível em: <www.ti.com/lsds/ti/logic/decoder-encoder-multiplexer-products.page>. Acesso em: 13 out. 2015.

_____. *Multiplexer/demultiplexer (mux/demux).* Disponível em: <www.ti.com/lsds/ti/switches-multiplexers/multiplexer-demultiplexer-products.page?familyAliasId=1200306>. Acesso em: 13 out. 2015.

TOCCI, R. J.; WIDMER, N. S.; MOSS, G. L. *Sistemas digitais*: princípios e aplicações. 10. ed. São Paulo: Pearson, 2007.

ÍNDICE REMISSIVO

A

Álgebra de Boole, 50
Alto nível, 168
Amplificador operacional, 152
Anel, 109
Arquitetura, 112, 166, 178, 184
Array, 175, 176, 177, 193
ASCII, 67, 68
Assembler, 168, 169, 173
Assembly, 168, 173
Assíncrono, 91, 95, 97

B

Base numérica, 33
BCD 7421/5211/2421, 63, 64, 67
BCD 8421, 63, 67
Biestáveis, 87, 88, 89, 91, 95
Bit 26, 30, 31, 33

C

Carry, 77, 78
in, 78
out, 77, 188
Cascata, 92, 110
Circuitos
    aritméticos, 77
    codificadores, 63, 69, 206
    combinacionais, 179, 184
    contador, 97
    decodificador, 63, 69, 70, 71, 72, 99, 190
    digitais, 15, 18, 22
    full adder, 78
    meio somador, 77
    multiplexador, 135
    registrador, 109, 119, 120, 121, 122
    sequenciais, 27, 87, 175, 179, 188
    somador completo, 78
    somadores, 78, 80, 83, 84, 187
Clear, 90, 103, 212
Clock, 88, 89, 92
Contagem ascendente, 152
Código aberto, 173
Código fonte, 168
Código objeto, 168, 170
Códigos numéricos, 63

Compilador, 168, 169, 170

Complemento, 18, 22, 50, 103

Comutação, 87, 135, 136, 140

Conectivos lógicos, 19, 35

Contador, 67, 97

Contagem ascendente, 152

Conversão de sistemas numéricos, 16, 27, 29

Conversão *flip-flops*, 93

Conversores
   digital – analógico, 145
   analógico – digital, 145

CPU, 172, 214

Crescente 99, 103, 105, 153

D

DAC, 17, 154

De Morgan, 50

Decodificadores
   BCD, 63, 69
   7 segmentos, 71, 72

Decrescente, 101, 102, 103, 104, 105

Demultiplex, 137, 139

Diagrama de sinais, 121

Dispositivo de I/O, 178, 179, 215

Dispositivo lógico, 175, 176

Divisor de frequência, 92, 103, 207

Dados, 14, 16, 17, 27, 72, 93, 119

E

Entidade arquitetura, 183

Entrada, 17, 18, 19, 23, 35

Endereços, 139, 214

Equações lógicas, 50, 76

Excesso 3, 64

Executável, 168

Expressões
   booleanas, 42
   lógicas, 50, 55

F

Fan-out, 88

Flip-flop, 88, 89, 90, 91, 92, 93
   D, 90
   JK, 90
   mestre escravo, 92
   RS, 88
   T, 91

FPGA, 175, 176, 177

Funções, 18, 35, 37, 50, 55

Fundo de escala, 149, 151

G

GAL, 176

Geração funções booleanas, 136

Gray, 66

H

Hardware, 166, 167, 180

HDL, 180, 181

I

IDE, 170

Identidade auxiliar, 50

Instruções, 164, 166, 167, 168

J

Johnson, 67

JTAG, 182

L

Latch, 89

Linguagem de máquina, 69, 76, 169, 206

Linguagem descrição *hardware*, 180

Load, 123, 124, 189

LSB, 31, 33

M

Máquina de estados, 191

MCU, 165, 166, 167, 170

Memória, 87, 88, 91, 95

Microcontrolador, 164

Microprocessador, 164

Módulo, 106, 109, 110, 111

MPU, 165, 166

MSB, 31, 33

Multiplex, 135

N

Nibble, 26

Níveis lógicos, 17, 18, 72

O

Operação aritmética
    adição, 47, 77, 78, 83, 84
    subtração, 77, 80, 83, 85
    complemento, 18, 22, 50, 103, 116

P

Pinagem, 122, 125

PLA, 175

PLD, 175

Portas lógicas
    AND, 35
    XNOR, 38
    XOR, 39
    NAND, 37
    NOR, 38
    NOT, 37
    OR, 36
    símbolo lógico, 36, 37, 38, 39

Preset, 90

Programa, 164, 165, 167

Q

Quantização, 213

R

Registrador de deslocamento
    EP/SS, 123
    ES/SP, 121
    ES/SS, 119
    universal, 125

Representação dos números binários, 26

Resolução, 149

S

Serialização, 136, 140, 194, 212

Shift, 119

Simplificação boole, 50
    método gráfico, 50
    Veitch-Karnaugh
        2 variáveis, 51
        3 variáveis, 53
        4 variáveis, 54

Sinal
  nalógico, 16
  digital, 16
Síncrono, 88
Sistemas de numeração
  binário, 26
  decimal, 25
  hexadecimal, 27
Software, 167
SPLD, 175
Subtrator
  em paralelo, 83
  total, 81

T
Tabela verdade, 19, 20
Teoremas, 50
Tradutor, 168, 215

U
Universal, 125

V
Valor posicional, 32, 33
Variáveis Lógicas 18
Varredura, 136, 137
VHDL, 175, 182

AGRADECIMENTOS

Agradecemos ao Departamento Regional do SENAI-RS pelas experiências adquiridas nos anos de docência nessa instituição. À Faculdade de Tecnologia SENAI Porto Alegre, berço do desenvolvimento desta obra.

Somos também gratos aos professores do PPGEE, PPGC e PROMEC da UFRGS, que contribuíram com nossa formação acadêmica.

Nosso reconhecimento a Isabel Silva e Bonie Santos, da editora Blucher, e também ao apoio e a competência das pessoas que participaram do projeto de edição deste livro.

À minha mãe, Ligia Tereza Gaspary.
Alexandre G. Haupt

À minha esposa, Rosane, e meus filhos, Jéferson e Ângelo.
Édison P. Dachi